U0105134

天赐之命

蒙古狼

[蒙古] 拉·萨姆丹道布吉 著

图日莫黑 译

内蒙古人民出版社

图书在版编目(CIP)数据

天赐之命——蒙古狼/(蒙)拉·萨姆丹道布吉著;图日莫黑译. —呼和浩特:内蒙古人民出版社,2019. 4

ISBN 978-7-204-15921-5

Ⅰ. ①天… Ⅱ. ①拉… ②图… Ⅲ. ①狼-文化-蒙古 Ⅳ. ①Q959. 838

中国版本图书馆 CIP 数据核字(2019)第 063779 号

天赐之命——蒙古狼

Tian Ci Zhi Ming Menggu Lang

作　　者	[蒙古]拉·萨姆丹道布吉
译　　者	图日莫黑
责任编辑	郝　乐
封面设计	刘那日苏
出版发行	内蒙古人民出版社
地　　址	呼和浩特市新城区中山东路 8 号波士名人国际 B 座 5 楼
印　　刷	内蒙古爱信达教育印务有限责任公司
开　　本	880mm×1230mm　1/32
印　　张	4. 75
字　　数	120 千
版　　次	2019 年 4 月第 1 版
印　　次	2019 年 11 月第 1 次印刷
印　　数	1—2000 册
书　　号	ISBN 978-7-204-15921-5
定　　价	28. 00 元

图书营销部联系电话:(0471)3946298　3946267

如发现印装质量问题,请与我社联系。联系电话:(0471)3946120

前 言

狼——人类自始至终都无法驯服、驾驭的狂野猛兽！对世间的一切都不屑一顾的凶悍的逆行者！勇猛与恶辣、富有谋略与狡猾的混合体，拥有先见之明的奇兽！

狼——天赐的力量，天赐的强悍！唯有蒙古狼才能将欣喜与畏惧同时铭刻在每一个蒙古人的心灵深处！

作为蒙古人，我始终认为狼是拥有天赐之命的神兽。从古至今，狼在人们心里是象征着勇猛的尊躯，同时也是酿就仇恨的恶灵。于是，狼崇拜和狼仇恨共存于人类社会。

狼对游牧民族从原始至今的历史进程和日常生活所起的影响将蒙古人视其为兽祖的可能性无限放大。

我们的原始祖先崇敬和膜拜狼，视其为兽祖的神话传说由来已久。关于蒙古地区有些部族先民视白狼（等罕见种类）为其兽祖的敬仰习俗和神奇故事流传至今。然而，灰狼则被视为游牧者和牲畜的天敌以及朝着苍穹嗥叫的逆长生天的恶灵。因此，向来提倡遇见灰狼当即猎杀，制定过相关的札撒，也有围猎灰狼的指定日期，历来不缺擅长猎杀灰狼的好猎手。

关于狼，蒙古民间忌讳直呼其名，而赋予其“天舅、野狗、杭盖之兽、山崖之犬、和楚奴日特（忌讳直呼其名者）、孛海丹赞”等尊称或讳称。这种习俗也属于一种奇特的历史沉淀。

狼能够很好地适应变幻莫测的自然界,也能够巧妙地躲过人类的围猎捕杀。它坚韧不拔、机智勇敢、听觉灵敏、警觉性很强。狼也正是以这种出众的灵性保护来维持生存。

对于狼,只有从给畜牧业带来危害的一面和在食物链中充当自然清洁者的角色以及其(器官多数可为药料等)诸多益处的另一面进行比较分析,才能够获得充分的认识。

其实在自然界并不存在只有危害或只有益处的动物,所有的物种均同自然现象、空间、时间及自然条件等相适应而生存。(若人类不像如今这般以异己力量影响自然规律)大自然一直在以自己的法则保持着自身的平衡状态,并决定着所有物种的生死存亡。

狼曾经大量分布在欧亚大陆和北美地区。如今则除了美国、加拿大以及俄罗斯联邦部分地区之外,在其他地方很少能够见到狼。在欧洲多数地区只有走进动物园才能见到狼的身影。而蒙古地区狼的分布较广泛,因近年数量剧增,有些地方其危害越来越严重。

图尔盖、西伯利亚、阿拉斯加以及蒙古地区的狼体形较大,而非洲、南亚地区的狼体形较小。这与生存环境、自然气候、食物链条等自然因素有着密不可分的关系。

蒙古人向来视遇见狼为吉兆,认为运气好的人才能遇见狼,气场压过狼的猎手才能够有幸将其猎杀。从而不少蒙古男人们为了求吉兆、图走运而出猎,去捕杀狼。

因公务,我曾经走遍蒙古国每个省,甚至每个县,曾多次幸运地遇见狼这一天兽。依我看,狼的世界是个异常奇特的世界,不会有人否定狼是很奇特的动物这样的说法。

以前关于狼的书籍大多比较关注狼的自然习性和危害性,而我在这本书的创作过程中则是致力于让广大读者更全面、更正确地了解和认识狼这一天兽的奇幻世界。

别速惕 · 拉布丹 · 萨姆丹道布吉

目 录

压其气场者

（代序）

关于狼，蒙古谚语云："与其同运者遇之，压其气场者灭之。"类似的民间谚语源于蒙古民众长期以来的生活经验，并具有一定的现实生活依据。而创作这本《天赐之命——蒙古狼》的拉布丹·萨姆丹道布吉先生为无数次在野外遇见过狼，与狼打过交道的"与其同运者"，更是无数次与野狼充满血腥之光的恶煞眼神对视，无惧无畏地猎杀过几百头野狼的"压其气场"的硬汉之一。

传说中的猎狼名手拉希似的勇谋兼备的猎手们自古以来是蒙古人的骄傲。蒙古是"狼的故乡"，也是"狼的膜拜之地"。狼是勇敢、坚韧、机智、敏锐的象征。因而蒙古人将从未赋予过其他动物的"天狗""天兽""天命之兽"等美誉毫不吝啬地统统赏给了狼。将忌讳直呼长者、活佛等尊者之名的习俗移至于狼，忌讳直呼其名，赋予狼诸多尊称和讳称。人类与动物，此缘此情，唯有狼，唯有蒙古。

蒙古人的情感世界奇特。拉·萨姆丹道布吉的心血之作，多年的生活积累，敬献给广大读者的这本《天赐之命——蒙古狼》正是蒙古人奇特情感世界的另类展现。因而萨姆丹道布吉比其他猎狼名手看得更远，走得更远，这便是一种超越。若猎杀那么多天命之兽是种罪孽，那么萨姆丹道布吉的《天赐之命——蒙古狼》不仅仅是完成了自我救赎，更是一部激荡人心的“天兽之赞歌”。其实蒙古人从来不认为猎杀灰狼是造孽，反而认为是男子气魄的体现。狼是牲畜的天敌，总是大摇大摆地享用牛、羊和马，甚至骆驼。它这种不劳而获、无情无义的恶行的代价，当然是被蒙古汉子们猎杀。

如果被铁夹套住腿，狼会用腿把铁夹砸在石头上将其砸碎从而逃脱，若是砸不碎铁夹就把自己的腿连骨带肉咬断从而逃离。狼，如此勇敢。为了让狼崽躲过劫难，狼会将一窝幼崽全部装进猎物肚囊后叼在嘴里逃离危险之地。狼，如此机智……

关于狼的传奇，蒙古民间有很多口承形式的神话传说和书面记载，《天赐之命——蒙古狼》将会毫无疑问地成为“狼之传奇”的新章节。蒙古族原始祖先视狼为兽祖，以狼命名氏族，甚至有过塑立狼形丰碑的历史。为罗穆路斯、瑞穆斯塑立丰碑的古罗马人在这方面与蒙古人可谓心有灵犀。

拉·萨姆丹道布吉先生在撰写由前言、五个章节及后记构成的《天赐之命——蒙古狼》一书时，以关于狼的神话传说、狼的种类和外貌特征、狼的性情及其生存法则、猎杀狼的手段和猎具、狼的诸多益处、人类与狼的故事、狼与网络的俗缘等前所未有的广泛题材和对其系统的研究及独特表达方式极大地丰富了该书的内容和价值，因而使人觉得这本书是“前所未有”的佳作，在此恭贺。

其实我很早就认识如今已成为猎杀狼的猎手、研究狼的专家以及编写狼题材著作的作家萨姆丹道布吉。作为他在蒙古青年联合会工作时的上司，我熟悉他在那一段时间出色的工作，直到他以蒙古青年联合会全权代表身份到世界民主青年联盟工作。后来他以蒙古国红十字会官员的身份在世界慈善事业的前线顶着种种困难夜以继日埋头工作时,为他感到骄傲而默默送上祝福的我却不太清楚他的猎狼以及展现“压其气场者”的气魄和风采的事迹。

不过现在从他的著作和采集的图片中略知一二,于是觉得以“压其气场者”为此篇恭贺之文的题目再合适不过了。愿别速惕·拉布丹·萨姆丹道布吉在今后的慈善事业、学术研究和与狼共舞的人生舞台上以压过狼的气魄和天赐之运勇往直前,就像马雅可夫斯基的诗词般——若可以,像野狼般咬碎世间所有的恶……

勒·图都布博士

2003年5月29日

第一章　关于狼的历史记载及民间习俗

第一节　蒙古和突厥诸民族象征

蒙古和突厥诸民族的原始祖先崇敬和膜拜狼,具有狼信仰习俗。在古代汉语文献中,这些北方游牧部族被称为戎夷,因为匈奴先民称狼信仰习俗为“犬戎”“山戎”。关于蒙古地区古代游牧民族被统称为“犬戎”一词,蒙古著名史学家格·苏赫巴特尔认为“戎”是古老的蒙古语,原意也许与蒙古语“那仁”(意为太阳)相同。①

据古汉语文献记载:“……周西伯昌伐畎夷氏。……放逐戎夷泾、洛之北,以时入贡,命曰‘荒服’。其后二百有余年,周道衰,而穆王伐犬戎,得四白狼四白鹿以归。自是之后,荒服不至……穆王之后二百有余年,周幽王用宠姬褒姒之故,与申侯有却。申侯怒而与犬戎共攻杀周幽王于骊山之下,遂取周之焦获,而居于泾渭之间,侵暴中国。”(《史记》卷一百十《匈奴列传》)

北方游牧部族(匈奴先民)犬戎、山戎族人冬天穿狼皮袍、戴

① 此书中作者引用的文献或书籍全部为基里尔蒙古文版本。

狼皮帽，而部族首领披在肩上的龇着狼牙的全狼皮披肩则是其权力的象征。

崇狼的那些部族被统称为“戎”。古汉语文献记载：“各分散居溪谷，自有君长，往往而聚者百有余戎，然莫能相一。”（《史记》卷一百十《匈奴列传》）

公元前209年，在中亚地区建立帝国的匈奴人以狼为兽祖。根据匈奴人的游牧经济、牲畜品种、社会结构、物质和精神文化特点以及语言等所有民族特征，当代学者们一致认为匈奴人为蒙古人种。一则关于长调的神话传说中这样记载：

> 俗云：匈奴单于生二女，姿容甚美，国人皆以为神。单于曰：“吾有此女，安可配人，将以与天。”乃于国北无人之地，筑高台，置二女其上，曰：“请天自迎之。”经三年，其母欲迎之，单于曰：“不可，未彻之间耳。”复一年，乃有一老狼昼夜守台嗥呼，因穿台下为空穴，经时不去。其小女曰：“吾父处我与此，欲以与天，而今狼来，或是神物，天使之然。”将下就之。其姊大惊曰：“此是畜生，无乃辱父母也。”妹不从，下为狼妻而产子，后遂滋繁成国。故其人好引声长歌，又似狼嗥。（《魏书》列传第九十一）

“长歌”即长调，由此看来，蒙古人游牧文化的奇特艺术结晶——长调的产生与先民的狼图腾信仰有密不可分的关系，而匈奴时期长调的汉译为“长歌”。也许“天狗”这一狼的讳称也是在匈奴时期或更早的时候出现的，从而传承至今。

古代（555—745年）北方突厥游牧部族也有狼兽祖信仰之传

说，突厥人“旗纛之上，施金狼头”。

古汉语文献记载：

> 突厥者，盖匈奴之别种，姓阿史那氏。别为部落。后为邻国所破，尽灭其族。有一儿，年且十岁，兵人见其小，不忍杀之，乃刖其足，弃草泽中。有牝狼以肉饲之，及长，与狼合，遂有孕焉。彼王闻此儿尚在，重遣杀之。使者见狼在侧，并欲杀狼。狼遂逃于高昌国之北山，山有洞穴，穴内有平壤茂草，周回数百里，四面俱山。狼匿其中，遂生十男。十男长大，外托妻孕，其后各有一姓，阿史那即其一也……（《周书》卷五十《突厥传》）

阿史那之“阿”即“圣”，“史那 ”即“赤那”，是蒙古语“狼”的音译，合起来意为“圣狼”或“天降狼”。

创作过涉及医学、物理、数理、化学、生物学、地质学、诗歌、哲学、法学、军事学等多个学科领域的 250 余部著作的中世纪杰出思想家、大启蒙家、学者易班锡纳就是阿史那氏蒙古人。比成吉思汗早 128 年、比著名的《蒙古秘史》问世早 260 年、比经典佛教著作《甘珠尔》《丹珠尔》问世早 400 年诞生的大学者易班锡纳的那些经典著作确切地反映了蒙古民族对人类文化所作贡献的历史及分量。这是蒙古族后人的骄傲。

阿史那氏族“……子孙蕃育，渐至数百家，经数世，相与出穴，臣于茹茹。居金山之阳，为茹茹铁工。金山形似兜鍪，其俗号兜鍪为‘突厥’，遂因以为好焉”。（《周书》卷五十《突厥传》）

> 或云突厥之先出于索国，在匈奴之北。其部落大人曰阿谤步，兄弟十七人。其一曰伊质泥师都，狼所生也。谤步等性并愚痴，国遂被灭。泥师都既别感异气，能征召风雨。娶二妻，云是夏神、冬神之女也。一孕而生四男：其一变为白鸿；其一国于阿辅水、剑水之间，号为契骨；其一国于处折水；其一居跋斯处折施山，即其大儿也。山上仍有阿谤步种类，并多寒露。大儿为出火温养之，咸得全济，遂共奉大儿为主，号为突厥，即讷都六设也。讷都六有十妻，所生子皆以母族为姓，阿史那是其小妻之子也。讷都六死，十母子内欲择立一人，乃相率于大树下，共为约曰，向树跳跃，能最高者，即推立之。阿史那子年幼而跳最高者，诸子遂奉以为主，号阿贤设。此说虽殊，然终狼种也。(《周书》卷五十《突厥传》)

据古汉语文献记载，头曼单于当政年间，北方蒙古和突厥崇狼部族支系繁多，与汉族中原国家有贸易往来。这些不同版本的神话传说有一个共同点，即狼兽祖信仰的贯穿。

从古代文献所记载的这些神话传说来看，蒙古族先民和游牧于蒙古地区的突厥先民视狼为兽祖，具有崇狼信仰。

后来传到蒙古地区的佛教以其教理解释狼的兽性及危害性，视狼为朝着苍穹嗥叫的逆苍天的恶兽，号召人们遇见狼当即灭杀之。

蒙古游牧牧民视灰狼为牲畜的天敌，而视白狼为上苍的使者，认为遇见白狼是件很吉利的事。

蒙古国有很多关于狼的石碑。尤其从后杭爱省塔米尔河支流巴彦查干河右岸发现的古粟特文石碑顶部展现母狼为小狼喂奶情景的浮雕极其生动、精美，可谓历史文化珍贵遗产，亦可谓狼图腾神话传说活生生的写照。

第二节　赤那思氏族部落

从原始社会开始，蒙古先民中便有了以狼命名的氏族部落，匈奴先民中也有以狼命名的氏族部落，学者们认为犬戎便是匈奴祖先。

蒙古学学者们多年的研究成果能够确定叱奴（赤那）部（氏）从匈奴时期开始，历经鲜卑以及蒙古尼伦部历史时期，生存至今。“……叱奴部一直存在，从其称呼上看无疑是蒙古原始部族支系赤那思部。”①

① 引自格·苏赫巴特尔的《蒙古原始祖先》。

关于公元4世纪赤那思部氏族部落名称,日本白鸟库吉、匈牙利L·利盖提、美国鲍培等蒙古学学者经过研究一致认为,“赤那思”就是蒙古语狼的音译“赤那”的复数。当时的赤那思部居住于斡难河、克鲁伦河一带。在13世纪波斯史学家拉施特的著作中有不少关于赤那思部的记载。

据拉施特记载:……原来的蒙古人逐渐分成了两部分(或两支)……第二部分:从朵奔伯颜之妻阿阑豁阿于丈夫死后生下的三个儿子产生的各个部落。朵奔伯颜出自原来的蒙古人,这是没有被忘记的。阿阑豁阿则出自豁罗剌思部。

这些部落又分为两支:一支为原来意义上的尼伦;其十六氏族部落为合塔斤、撒勒只兀惕、泰亦赤兀惕、赫儿帖干、昔只兀惕、又名捏古思之赤那思、那牙勤、兀鲁惕、忙忽惕、朵儿边、八邻、八鲁剌思、合答儿斤、照烈惕、不答惕、朵豁剌惕、别速惕、雪干、轻吉牙惕……(拉施特,《史集》,第一卷,第一分册)

关于叱奴部所属蒙古尼伦诸部,著名学者、史学家、博士达·龚古尔有如下记载:“大概在10世纪产生于斡难河、克鲁伦河、图勒河一带的尼伦诸部逐渐成为蒙古部族统治阶层或成吉思汗黄金家族的起源。”①

这些使我不由得想起著名的《蒙古秘史》的开篇:

成吉思汗的根源。

奉天命而生的孛儿帖·赤那,和他的妻子豁埃·马阑勒,渡过大湖而来,来到斡难河源头的不儿罕·合勒敦山扎营住

① 引自达·龚古尔的《喀尔喀简史》。

下,他们生下的儿子为巴塔赤罕。(《蒙古秘史》第1节)

赤那思或赤那氏蒙古人如今也有不少。例如后杭爱省扎尔嘎朗图县阿赛图河一带的部分当地人以“赤那孛儿帖”“孛儿帖”为氏族名称。

赤那思或赤那多姓氏分布于蒙古国东方省布尔干县、呼伦贝尔县、哈拉哈河县一带以及库苏古尔省乌兰乌勒县、巴音珠尔赫县、林钦勒浑贝县等地,赤那氏分布于科布多省钱德曼县。乌梁海部诸姓氏多数(39个姓氏中的23个)有各自的族源传说,能明确各自祖先,这些姓氏为胡古日其德、阿哈(赤那)、布仁、胡勒东、东根、布里亚特、恩其沙格寨、希日布苏、席布格、赤那等。在19世纪末20世纪初,游走于阿尔泰地区,深入乌梁海部民间进行研究的俄罗斯学者G.N.波塔宁、B.Y.符拉基米尔佐夫等人的记录中有赤那(赤那多)等姓氏。

在蒙古国种族学书籍中,关于卫拉特部的章节里记载:

以拉施特记载:蒙古部落与突厥部落发生战争,战败的蒙古部逃到一个叫额尔古涅·昆的地方,捏古思和乞颜两个氏族在此繁衍生息时所产生的分支赤那思氏族便是成吉思汗的祖先。

学者哈·普尔赖则认为额尔古涅·昆传说所记载的捏古思氏后来演变成赤那思氏,赤那思即捏古思。

第三节 《蒙古秘史》之狼

《蒙古秘史》开篇：

> 成吉思汗的根源。
>
> 奉天命而生的孛儿帖·赤那，和他的妻子豁埃·马阑勒，渡过大湖而来，来到斡难河源头的不儿罕·合勒敦山扎营住下。他们生下的儿子为巴塔赤罕。(第1节)

蒙古语词典中解释“孛儿帖”为掺杂于白毛中的紫色或黑色斑点，这样看来，《蒙古秘史》所述“孛儿帖·赤那”即紫(或黑)斑白毛狼，或白毛豺狼。学者石·噶丹巴则在《蒙古秘史》中写道：“‘孛儿帖·赤那’一词意为有孛儿(紫色斑点)的苍(青)色狼，‘孛儿帖’一词后来按发音写成‘孛儿图’。我们一直认为孛儿帖·赤那不是历史人物，而是蒙古族族源传说中的族灵或兽祖的名称。但孛儿帖·赤那也可能是以族源传说中的族灵或兽祖名称命名的历史人物，无法完全否定这种可能性。”

> 根据历史文献和史学家们的记载，孛儿帖·赤那实为历史人物，当时的蒙古贵族，诞生于公元758年。[1]

---

① 引自策·达赉的《蒙古帝国》。

蒙古部族从原始时代开始崇敬和膜拜狼,狼兽祖神话传说由来已久,《蒙古秘史》中也有相关记载:

住了一段时间,朵奔·篾儿干死去了。

朵奔·篾儿干死去后,阿阑·豁阿没有丈夫寡居,却又生下了三个儿子,一个名叫不忽·合答吉,一个名叫不合秃·撒勒只,一个名叫孛端察儿·蒙合黑。(第17节)

朵奔·篾儿干生前所生下的两个儿子别勒古讷台、不古讷台,暗中议论自己的母亲阿阑·豁阿说:

"咱俩的母亲没有(丈夫的)兄弟、房亲,也没有丈夫,却又生下了这三个儿子。家里只有巴牙兀惕部人马阿里黑。这三个儿子是他的儿子吧?"

他们俩这样地暗中议论自己的母亲,被他们的母亲阿阑·豁阿觉察到了。(第18节)

春天时,有一天,煮着腊羊肉。阿阑·豁阿让五个儿子别勒古讷台、不古讷台、不忽·合答吉、不合秃·撒勒只、孛端察儿·蒙合黑并排坐下,每人给予一支箭杆,让他们折断。一支箭杆有什么难折断?他们全部都折断抛弃了。

阿阑·豁阿又将五支箭杆束在一起,让他们折断。他们五人轮流着来折束在一起的五支箭杆,都没能折断。(第19节)

于是他们的母亲阿阑·豁阿说道:

"我的儿子别勒古讷台、不古讷台你们俩,怀疑我这三

个儿子是怎么生的,是谁的儿子?你们的怀疑也有道理。”(第20节)

(阿阑·豁阿接着说:)

“(但是,你们不明白情由。)每夜,有个透明的黄色的(神)人,沿着房的天窗、门额透光而入,抚摩着我的腹部,那光透入我的腹中。那(神)人随着日、月之光,如黄犬般伏行而出。你们怎么可以轻率地乱发议论?这样看起来,由那(神)人所出的儿子分明是上天的儿子。你们怎能与黎民百姓的行径相比拟而加以议论。将来做了普天下的君主时,下民才能够明白这个道理。(第21节)”

阿阑·豁阿又教训自己的五个儿子,说道:

“我的五个儿子,你们都是从我的肚皮里生出来的。如果你们像刚才五支箭般的,一支、一支地分散分开,你们每个人都会像单独一支箭般的被任何人很容易地折断。如果你们能像那束箭般地齐心协力,任何人也不容易对付你们!”

过了一段时间,他们的母亲阿阑·豁阿去世了。(第22节)

《蒙古秘史》中的该神话传说所述的“黄犬”一词引起许多学者的注意。有关成吉思汗和帖木儿的古代突厥史籍记载：“阿阑·豁阿的丈夫生前留下遗言：‘我死后化为一丝光，从天而降进入帐幕，然后以狼形姿而出去。’阿阑·豁阿的丈夫去世后，她为了让周围的人们目睹她丈夫的遗言会应验，在帐幕门口设一门卫。于是她丈夫确实每晚化为光从天而降，进入房屋，而后化为狼的形状离去。”

俄罗斯学者 G. 米海罗瓦比较《蒙古秘史》中的神话传说和突厥史籍中的神话传说，根据“野狗”“杭盖之犬”等蒙古民间口承文学中狼的讳称和蒙古族历史书籍中关于成吉思汗禁止猎狼的记载，以及赤那思氏族名称等，认为《蒙古秘史》有古代图腾信仰的痕迹。[①]

俄罗斯学者 D. D. 尼玛耶夫、P. B. 阔诺瓦罗等人认为狼是蒙古和突厥民族的图腾，其依据正是这些因素。

学者、史学家奥·额尔顿巴图认为：“关于《蒙古秘史》中的‘黄犬’一词，以狼解释该词相比以狗解释更具说服力。因为蒙古人在古代驯化狗的时候主要挑选黑毛色狗，在我们的民间口语中出现的狗多数为黑狗，其他毛色的狗很少出现。除了黑狗之外，‘黄犬’‘苍犬’‘棕狗’‘斑狗’等称谓一般都是在充当狼的讳称或尊称。”

《蒙古秘史》记载：

---

① 参见斯·杜勒玛的《蒙古神话形象》。

> 没有食物吃时，(孛端察儿)窥伺被狼围阻在山崖上的野兽，射杀而食之，或去拾取狼吃剩的兽肉充饥，兼养自己的鹰。就这样，度过了那一年。(第26节)

孛端察儿诞生于公元970年。看来成吉思汗十一世祖孛端察儿·蒙合黑能够从饥荒中活命，因受狼的恩惠。据《蒙古秘史》记载，帖木真和合撒儿射杀了别克帖儿：

> (帖木真、合撒儿)刚一进家门，夫人母亲就察觉了两个儿子的脸色，她说道：
>
> ……
>
> 像在暴风雪中窥伺的狼
>
> ……
>
> 像护其卧巢的豺狼
>
> ……(第78节)

这里生动地描述了狼的兽性。由此看来，蒙古谚语“赖汉趁无备，野狼趁风雨”早在13世纪之前就已出现。

在《蒙古秘史》卷五《消灭塔塔儿部，与王汗关系的发展及破裂》中，勇猛杀敌的将领被比喻为冲进羊群的狼。

关于《蒙古秘史》中狼的记载，简述至此。

第四节 狼的讳(尊)称及相关习俗

蒙古部族从原始时期开始崇敬和膜拜狼,以狼命名原始始祖,忌讳直呼其名,赋予狼的多种讳称或尊称传承至今。

蒙古各氏(部)族赋予狼的讳称(或尊称)甚多,以下是笔者采录的部分讳称:

1. 孛海、野兽、毛都谷、杭盖之兽;

2. 辉腾辛基(意为冷面。狼的讳称和尊称甚多,因文化差异有些讳称无法意译,甚至有的讳称为没有具体意义的名词或人名,所以采用了意译和音译相结合以及加注解的方法。另外,部分讳称是根据狼的性情、毛色和身体特征所取的,例如“冷面”即冷面兽,“腾格里的白”即腾格里的白狼,“长嘴”即长嘴兽等等。其他章节类同);

3. 奴格黑吉格尔;

4. 额布根(老汉)、敖丽迈(嗥叫者)、阿哈(兄)、阿巴嘎(叔);

5. 天狗;

6. 和布特桑布(躺着的桑布);

7. 孛儿帖海日罕(海日罕为山)、钱德曼额真(宝物的主人);

8. 罗布桑格隆(罗布桑和尚)、穆勒和罗布桑(爬行的罗布桑)、卫都布赫车勒;

9. 孛哈勒泰、乌很车(怯懦、迟钝的);

10. 胡都黑、塔卑、胡都黑乌巴干、胡戈牛丹;

11. 勇盖、胡乐特(长鬃)、阿日噶图(机智)、达噶白、达噶白奴德、野狗、山狗、悬崖之犬;

12. 杭盖之犬;

13. 棕犬;

14. 乡村犬、锦巴、闹木汗乌巴西(老实的乌巴西)、乡村白犬;

15. 浩巴海央噶尔查格(破损的托架子)、哈姆图(长疥疮的)、狗的舅舅;

16. 灰白狗、盖哈拉(家伙)、孛木查干(一团白)、孙大嘎查干(有弹性的白)、宝日胡孛海、和楚奴日特(不能直呼其名者)、伊贺阿玛图(大嘴)、高登马拉盖图(戴高帽子者)、穆勒和萨日勒(爬行的灰白)、红赫尔(凹地)、浑吉格泰(占便宜的);

17. 穆勒和都格(爬行者)、白犬、天神的舅舅、根敦乌巴西;

18. 奥兰亚森乃央噶尔查格(骨头做的托架子);

19. 孛勒特日格(狼崽);

20. 孛儿帖、阿尔扎噶尔西顿(龇牙)、噶日右罕、衮著给、佛祖的狗、长尾巴、冷面兽、辉腾莫闰、和林胡戈、罕沙古塔、莫闰、阿海、哈哈勒泰;

21. 兆亥、兆都给;

22. 亚孙西顿央噶尔巴;

23. 穆勒和(爬行者)、好穆勒(马粪)、黄犬。

狼的讳称因地而异,比如:

阿拉塔阿玛图(长嘴)——巴彦洪戈尔省乌戈勒德部

孛都给——肯特省臣亥尔曼达勒县

孛乃——戈壁阿尔泰省额尔德尼县

孛海——色楞格省,甚至整个蒙古地区

孛哈勒都——布里亚特部

宝日胡孛海——戈壁阿尔泰省

孛木查干(一团白)——库苏古尔省

孛日——巴彦乌列盖省哈萨克部

孛日——塔塔尔部

旺哈日——乌布苏省吉尔吉斯县、马勒钦县

盖哈拉(家伙)——东戈壁省呼布斯格勒县、苏朗赫尔县

噶扎仁玉满——巴彦乌列盖省乌梁海部

噶如罕——东方省查干敖包县

根顿扎姆斯——东方省巴彦乌拉县、查干敖包县

丹勤撒日拉——扎布汗省桑特马尔嘎茨查县

雍古——后杭爱省额尔德尼曼达勒县

雍古日——库苏古尔省林钦勒浑贝县、乌兰乌勒县

耀奴古——苏赫巴托尔省达里干嘎部

兆都给——扎布汗省图德布泰县

兆奴给——中央省巴彦德勒格尔县、额尔德尼县

伊贺阿玛图(大嘴)——科布多省曼汗县,后杭爱省臣亥尔县

克斯克日——巴彦乌列盖省哈萨克部

朗古阿玛图(大嘴)——后杭爱省臣亥尔县

罗布桑格隆(罗布桑和尚)——中央省巴彦扎尔嘎朗县

毛都谷——科布多省曼汗县,扎布汗省桑特马尔嘎茨查、莫顿乌梁海部

毛都衮——科布多省曼汗县

穆勒和(爬行者)——乌布苏省

穆勒和罗布桑(爬行的罗布桑)——后杭爱省布尔干县

额布根(老汉)——苏赫巴托尔省

撒日啦(灰白)——巴彦乌列盖省阿勒坦策格茨县

撒日啦德勒图(穿白衣者)——中央省额尔德尼县

白狗——达里干嘎部

萨日森哈麻日土(尖鼻子)——扎布汗省图德布泰县

孙大嘎撒日啦——库苏古尔省达尔扈特部

天狗——肯特省

乌日图苏乐图(长尾)——东方省布里亚特部

敖丽玛(嗥叫者)——乌布苏省伯赫木伦县

乌林阿布(山之父)——库苏古尔省达尔扈特部

乌林海日罕(山之峰)——库苏古尔省达尔扈特部

罕巴——巴彦洪戈尔省嘎鲁特县、巴彦敖包县

哈姆图(长疥疮的)——扎布汗省查干海尔汗县

杭盖之兽——巴彦洪戈尔省额勒吉特县

好穆勒(马粪)——南戈壁省汗洪戈尔县

浑吉格泰(占便宜的)——乌布苏省北部

乡村犬——苏赫巴托尔省达里干嘎部

龚虎尔——东方省

呼和淖苏(青毛)——科布多省杜特县、布彦特县

胡德内和(乡下的)——东方省查干敖包县、巴彦乌拉县

辉腾辛基图(冷面)——布里亚特部

和楚奴日特(不能直呼其名者)——中央省龙县、额尔德讷桑特县

野狗——东部地区

野兽——戈壁阿尔泰省沙尔嘎县

野外的东西——前杭爱省塔尔嘎特县

查干德布乐特(穿白衣者)——扎布汗省达里干嘎部

勺登盘杂——后杭爱省浩吞特县、哈沙特县

史学家奥拉姆巴雅尔·额尔顿巴图在研究《蒙古秘史》阿阑·豁阿传说的过程中提出较有说服力的观点:“阿阑·豁阿传说所述‘黄犬’即蒙古民间诸多狼的讳称之一。”

“忌讳直呼‘狼’,具有天狗、野狗、胡德内呼和(乡下的苍色兽)、冒顿苏乐图(木尾巴)、孛海、孛哈勒泰等诸多讳称,据说若直呼其名会引来狼抓牲畜。”①

蒙古人认为在游牧、搜寻丢失的牲畜或出门办事的途中遇见狼属吉兆,会心想事成。狼吃牲畜基本不被视为损失,被称为:“马匹成了孛海的美餐。”蒙古人认为狼吃牲畜天经地义,不像人类的偷盗等恶行,“野狼的嘴祥,偷盗的手黑。”

蒙古族民间关于传宗接代的民俗中具有狼图腾信仰的痕迹,这并不意外。这是图腾始祖拥有神奇的超自然力量以及自身与图腾始祖有血缘关系等意象的痕迹。例如:有过婴儿夭折先例的人家用狼筋扎婴儿的脐带;给孩子身上佩戴狼拐骨以护身;用狼皮接新生儿;给新生儿取名孛勒特日格(狼崽)、呼和淖海(苍色狗)、昔日淖海(黄犬)、沙鲁、孛海、孛海丹赞等(以上均为狼的讳称)。如今有的牧区这种习俗有恢复的迹象。

---

① 引自哈·宁布、策·那楚格道尔吉的《蒙古禁忌汇》。

以图腾兽祖的名字命名氏(部)族的习俗世界各地都有,蒙古族也不例外,也有以狼命名的氏族。(见其他章节)

还有一种与狼图腾信仰有关联的奇特现象为蒙古人使用五枚或九枚硬币进行占卜时对狼的重视程度。用来占卜的九枚硬币分别代表太阳、月亮、星星、大地、山、动物、乌鸦、狮子和狼。卜卦时按规定顺序以圆形将九枚硬币摆放在手心上。硬币所代表物有黑白之分,白色象征吉兆,黑色则相反。若卜到的是代表狼的硬币,则不论黑白,均属吉利,象征心想事成。这也是蒙古部族崇狼信仰的痕迹。

"'我的单于,卦象中的是狼。'占卜者欣喜若狂,'而且还是白狼呢。'他将手心伸到单于的眼前。'果真如此,再好不过了。'头曼单于的脸上露出满意的笑容。'我正是那卦象之狼也。'冒顿放箭。鸣镝响,众箭飞。万箭穿心的单于面朝天倒下,透过薄薄的云层他仿佛看见了用狼筋扎着脐带的冒顿哭叫着挣扎着的稚嫩幼体,而'卦象之狼也,狼也……'的声音山崖的回音般回荡,回荡……"①

① 引自策·图门巴雅尔的《卦象之狼》。

第二章　狼的种类

第一节　青　狼

青狼,毛色黑灰,体形较小,尾巴和腿较短,力气小。速度较慢,因而骑马追击不一会儿就能赶上,容易猎杀。据说青狼主要分布于内蒙古的戈壁沙漠地区。

第二节 黑 狼

据著名学者、地理学家、评论员奥·纳木囊道尔吉记载:“家犬的祖先黑狼曾经生存于蒙古地区。”①

学者阿·奥斯尔记载:“蒙古犬与印度黑狼后裔獒犬属同类。蒙古地区从12000~15000年前开始驯黑狼为狗。”由此看来,黑狼比较容易驯化。

黑狼力气大,身体壮,个子高,腿短,耳垂,长毛,多绒,脑壳

① 引自玛·帖木日扎布、那·额尔顿朝克图的《蒙古游牧者》。

宽,前额扁,长背,宽吻,黑眼睛,黑鼻子,一般情况下翘着尾巴。

第三节　白　狼

白狼是狼的一种。分布于蒙古地区的草原、戈壁荒漠地带。林区很少见,例如在博格达汗山、肯特山脉、诺颜乌拉山等地很少能见到白狼。内蒙古作家布仁特古斯在其《蒙古饮食汇》一书中写道:"白狼,长背,长腿,细腰,视觉灵敏,警觉性强,速度特快。"

苏赫巴托尔省额尔德尼查干县人桑杰·诺日贵先生曾说:"我们县三巴克地界有个叫钱德曼敖包的地方。以前有一条母白狼与其狼崽们一起出没在钱德曼敖包附近。当地人膜拜那条白狼。那条狼身上的毛雪白雪白的,见拿枪的人也不害怕,一动不动地蹲在敖包上,从不躲开。不袭击人,也不怎么袭击牲畜,一般捕食黄羊,所以当地人称其为者林查干(吃黄羊的白),也有叫腾格林查干(腾格里的白)的。当地人对它可真是顶礼膜拜。"

2001 年我们一伙人因公务去了东方省和苏赫巴托尔省的南部。有一天,我们在工作之余出去狩猎,没多长时间就猎获好几头狼。我们在落日时分收猎。在赶往目的地苏赫巴托尔省额尔德尼查干县哈勒特仁扎斯塔布的途中,我们惊奇地发现一条雪白雪白的白狼以奇快的速度向落日方向飞奔而去。

当时与我们同行的老猎手(如今为苏赫巴托尔省红十字会一级猎手)策·乌日图那苏图一直用望远镜盯着那头白狼,直到白狼从他的视线中消失。而后他以异常敬佩的口吻说他从没见过这么白又跑得这么快的狼。当时我也在想这世上竟然还有跑得如此快的动物。

天兽——那头白狼就像一股白色旋风，又好似宇宙银舰般飞去……如今想起依旧心荡神驰。再一思量，也许我遇见的正是先祖们曾经膜拜的图腾白狼，是幸运之神眷顾我？还是……

第四节　杂交狼

我办公室的墙上悬挂着一张巨型棕红色狼皮，不少人误认为那是豺狼或巨型狐狸的皮。每当我对来者解释那巨兽是狼与狗杂交的后裔时,对方都会很惊奇,都会说从来没见过体形这么大的狼。这头狼来自戈壁阿尔泰省吞黑勒县所属乌布日戈壁地区,2001 年吞黑勒县著名猎手、名医希吉格猎杀了这头巨兽,即狼和狗的杂种后裔。这头棕红色公狼身长近两米,光尾巴就有 55 厘米长,毛厚,耳朵不尖。上颚到嘴角长 16 厘米,黑鬃毛长 50 厘米,脖子到尾巴长 70 厘米,主体毛棕红色,胸毛泛黄色,样子非常好看。身体之壮、力气之大,一般的灰狼无法与之相比。趾掌却小,趾爪短,腿部肌肉发达。

大多数牧民不养母狗,于是在母狗下崽后便将雌崽弃置野外。生存下来的雌崽捕食旱獭、黄鼠、老鼠等维持生计,逐渐野化。雌狗冬天在狼的发情期遇到被种群赶出来的公狼,与之交配,第二年春天下崽,即杂交狼。幼崽的毛色主要为黑灰、褐色、棕红,也有黑色。

以前在灭狼公司工作时,发现野化的家狗与狼交媾的例子很多,狼狗杂交后裔的数量剧增,从而那些非狼非狗的巨兽对牲畜及畜牧业产生巨大危害。听老猎手们说,因杂交混血而品种得到优化的狼身强力大、速度快,捕食不分野兽家畜,而且异常狡猾,机智、灵敏,不易猎杀,所以不能使家狗野化,防止其与狼交媾。

在此,采选由劳动英雄、国家奖章获得者、著名作家勒·图都布审编的诗人策·巴特尔苏荣的诗集《银铃的歌声》中的一首诗,敬献给读者:

据说

家狗若野化

比野狼还要危险
据说
貌似看家狗
牲畜不会起疑心
据说
老道的牧民
都很难注意到它
狡猾多端的野狗
以貌行骗的恶狗
吃过牲畜逃之夭夭
恶过野狼却难分辨
据说
狡猾的野狗
人间不乏其同类
据说
亲友的背叛
类似野狗与狼合……

第五节　长鬃狼

内蒙古评论员、作家布仁特古斯在其《蒙古饮食汇》中写道：“长鬃狼，胸宽，脚掌大，宽吻，大脑壳，有棕红色或黑灰色长毛，颈部有长鬃。”

国家级著名狙击手沙塔布朝都勒中校曾在东部草原猎杀过

长鬃狼。如今定居于乌兰巴托市沙迪巴楞区的著名猎手,原苏和巴特尔省额尔德尼查干县人桑杰·诺日贵曾说:“大概在1962年,边防兵在查干敖包一带猎获了一头长鬃狼。县里的人都看过剥下来的长鬃狼的皮,我们也拿尺量过它的鬃毛,15厘米长。据说OAZ-469车装不下那头体形巨大的狼。听边防兵说,那头长鬃狼快被撵上的时候,猛然转身攻击了部队的军车呢。那头巨狼大概是出没在蒙古国和内蒙古边界一带捕食黄羊的流浪兽。那些边防兵没有将长鬃狼皮卖给县上的商店,而是视作纪念自己拿去了。”

著名记者、作家格·阿凯姆在其《天狗》一书中写道:“长鬃狼只吃自己捕获的猎物,再饿也不吃腐尸残骸。”

第六节　白胸狼

白胸狼很罕见,主要分布于草原、林区和山区。体形大,主要食物为谷物、果实、多汁植物和啮虫等。蒙古人忌讳猎杀白胸狼,在其分布区的人们膜拜白胸狼,称应该将白胸狼写进红皮书。

第七节　蒙古狼

蒙古狼分布于蒙古国北部山区、林区和贝加尔湖一带。体壮,力气大。主要食物为鹿、驼鹿、狍子、野兔、雪兔、沙鸡、鹌鹑、草原榛鸡、树林中的啮齿动物等。

第八节　豺狼

豺狼(红狼)近些年在蒙古地区濒临灭绝,在世界上也很罕见。体形比灰狼小,比狐狸大,体貌特征介于灰狼和狐狸间。

豺狼身长约 110 厘米,尾巴长约 50 厘米,耳朵长约 9 厘米,体重 16—18 千克。

蒙古地区的豺狼分布区属于世界豺狼分布区域的北部。20 世纪初,蒙古地区豺狼的数量还算不少,主要分布于肯特省、库苏古尔省一带的山区和草原、阿尔泰以及阿尔泰以南的戈壁、南戈壁省山区等地。

据说 20 世纪 30 年代在戈壁诺颜山、色布日格山、奴穆格图山等地的猎人猎杀过豺狼,40 年代在查干博格达山、戈壁阿尔泰省额尔德尼县额德楞山、苏门哈达山等地有人见过豺狼。然而到了 20 世纪 50 年代,豺狼在阿尔泰地区基本灭绝,库苏古尔省不再有豺狼出没的迹象,只有南戈壁省、阿尔泰以南的戈壁、戈壁阿尔泰省的部分山区能够偶尔见到。1967年有人在色赫斯查干博格达山见过豺狼。据当地人说,1968年南戈壁省阿拉坦山有豺狼被狼夹套住过。

而1969年在南戈壁省卓冷山有豺狼被狼夹套住的事情是蒙古地区最后一个存在豺狼的线索和依据。之后便再没有任何关于遇见或猎杀豺狼的确凿的消息。如今,只有南戈壁省、阿尔泰以南的戈壁、库苏古尔省山区等地具有存在豺狼的可能性。

豺狼体形细长,与灰狼相比头颅较小,嘴巴较短,耳朵不尖,耳朵像其他的狼一样始终直立着。胸毛呈灰色,尾巴长,又厚又长的尾毛呈红色或褐色,其他部位的毛呈棕红色或泛红色,远看全身呈棕红色。在戈壁阿尔泰省、科布多省一带其讳称为“希腊好日海”(意为黄色的虫子),也叫红狼。经常结群出没,通过团体作战捕食盘羊、岩羊、黄羊等有蹄动物,也会捕食旱獭、黄鼠、蒙古鼠兔等啮齿动物和禽类及其蛋,有时还食苁蓉、白刺、柳丝、果实等。豺狼的发情期在冬天,春天产崽,一次最多可产10只幼崽。

豺狼捕杀猎物的手段很独特,善于从大型猎物的后面攻击,撕咬其臀部,拽出猎物的肠道使其当场毙命。戈壁阿尔泰省纳兰县中和尔盖图一代的树林中曾有豺狼巢居,到“二战”时期绝迹。

早先豺狼广泛分布于蒙古地区,19世纪末游走于肯特省、库苏古尔省一带山区和阿尔泰山区及戈壁的外国学者和游人的相关记载能说明这一点。据记载,当时在上述地区豺狼出没频繁,当地人经常捕杀豺狼。

19—20世纪英国作家R.吉卜林在其《毛葛利的故事》中将

豺狼比作森林深处的掠夺者,吞噬一切的火山熔浆。俄罗斯动物学家伊·阿克莫斯肯称结群的豺狼会在很短的时间里将周围吃得片甲不留。

藏区、印度、苏门答腊、爪哇等地的山区,结群的红狼捕食羊、鹿等猎物,甚至还攻击虎。野牛特别惧怕红狼,成群的野牛站成圆圈应付红狼的攻击,红狼则看准野牛群中的老牛或体弱的病牛聚众攻击,撕咬野牛的跟腱、肚皮或咽喉,从而攻破野牛的保护圈。若附近没有树木,独行的虎遇到红狼群是件很危险的事。甚至力气大到脚掌能够拍死虎的喜马拉雅熊嗅到红狼群的气味都会远远地躲开。总之,除了大象,其他动物都很难躲避红狼群的猛烈攻击。

红狼在美国和俄罗斯虽然罕见,但人们推断阿拉斯加、帕米尔高原、天山山脉、阿尔泰山山脉、萨彦岭、贝加尔湖附近山脉以及远东沿海山脉等地依然存在红狼。而在欧洲只有在动物园能够见到红狼的身影。编写俄罗斯红皮书的学者们认为,目前俄罗斯境内红狼的数量已不多,“数量减少的原因还未证实,人工饲养的红狼数量不确定,人工饲养是否能繁殖也不确切”。

第九节　獠牙狼

有一阵子肯特省额木讷德勒格尔县那仁巴克地界出现獠牙狼并被该省著名射箭手桑布老人猎获的消息传得沸沸扬扬。獠牙狼到底是一种什么样的狼?有人说獠牙狼的牙齿全是犬牙,也有人反驳说獠牙狼的臼齿紧贴着犬牙。

于是人们到桑布老人的家看其捕获的狼皮。那头狼身长(包括尾长)2.22米,头长39厘米,臼齿果真紧贴着犬牙。这头狼也许真就是所谓的獠牙狼,确实奇特而罕见。

第十节 灰狼

蒙古民间自古以来忌讳猎杀白狼和豺狼。这种禁忌的根源,一方面是认为其是山水之神,另一方面是蒙古突厥部族先民的狼兽祖信仰。而灰狼则被蒙古牧民视为恶兽,视为家畜的天敌以及与猎人争抢猎物的害兽。

灰狼毛发又厚又硬,而且毛色随着季节和自然环境的变化而不断变换。灰狼的嗅觉、视觉、听觉均敏锐,夜间的视力比白天的

还要好。体形较大而毛色呈白灰或暗黄的灰狼分布于库苏古尔省和肯特省山区、罕胡黑山、萨彦岭等丛林山区。体形较小而毛色呈暗灰的灰狼分布于阿尔泰山脉、阿尔泰以南的戈壁以及南部草原和戈壁沙漠地带。

灰狼具有与其生存条件相适应的健硕修长的四肢，奔跑速度极快，动作敏捷，善于逃离危险境地，属敏锐的肉食动物。灰狼属于犬科动物中最危险的动物。凸脑壳，尖长的嘴，直立的尖耳，身长 105—160 厘米，尾长 35—50 厘米，体重 40—70 千克，个别灰狼体重甚至能达到 90 千克。雄性灰狼被称作牡狼、公狼、雄狼等，雌性灰狼被称作牝狼、母狼、雌狼等，幼崽被称作孛勒特日格。到冬天又厚又长的腿毛会遮住灰狼的脚掌，指甲呈黑色。

灰狼曾经大量分布于亚洲、欧洲、北美洲和非洲大陆。图尔盖、西伯利亚、蒙古等地的狼体形较大，亚洲其他地方的狼体形较小。

觅食的灰狼总是游走于山川之间，选择山坡、沼泽、临水的悬崖、山洞、密林、山沟、峡谷等远离人类的隐蔽地栖息。也有将旱獭弃穴扩大而栖息的例子。

灰狼发情期在每年 12 月至 1 月。母狼每年生一胎，到了发情期数头公狼争抢一头母狼而厮拼是常事。母狼一词也许使人觉得不顺耳或不太吉利，而在狼的世界里它却是完美、漂亮和性感的，正如达·那木达格在其名作《老狼之嗥》中生动地描述：

> 母狼嘴尖，颈长，四腿笔直而健硕，腰身细长而臀部丰满，从而行走时全身自然摇摆，尤其加速时的身姿甚是奇美，就像离弓之箭。此母狼性感至极。

母狼飞奔于山巅之间，使追随其后的十几头公狼疲于奔命，而曾经的霸主（如今的老狼）观望的眼神中充满倾心的爱恋。注定厮守一生、永不分离的缘分就这样降临了。

母狼怀孕期为56—63天，4—5月份（有的地方5—6月份）在特备的巢穴或山洞里产仔，每胎可产下2—13只幼崽。老狼多产，年轻母狼少产。

母狼喂乳期为一个月左右，之后母狼开始给幼崽喂半消化的反刍食物，使幼崽学会进食。产仔的母狼几天之内不离开洞穴，照顾幼崽，觅食捕猎的任务则由公狼承担。

母狼总是摇着头走在狼群前面，公狼紧随其后，攻击猎物时张开嘴、夹起尾巴、卷起身体、摇着头一跃而擒。

狼不会在其洞穴附近留下足迹，也不会捕食洞穴附近的家畜，这是在掩藏洞穴，以防被发现。蒙古谚语“狼穴藏吉祥”由此而来。

狼的家族从9月份开始弃穴流浪，狼崽开始学独力捕食。每群6—10头狼，老少皆有。每群有两头公狼，家族群行一直持续到第二年的1—2月份。

灰狼在蒙古地区的任何区域都能生存。这个凶猛的食肉动物白天一般都在隐蔽地栖息，不过有时也会在白天去觅食或踩点，部署夜晚的捕食行动。灰狼甚至能够以乌鸦和喜鹊的叫声判断出猎物所处的位置，通过气味和足迹找到猎物。迁徙或觅食的灰狼游走各地，若遇到食物丰富的地方便会落脚定居，将此地划为自己的领地。

根据居地和食物，可以将灰狼分为两类。出没在人类居住区边缘的灰狼经常偷袭家畜，甚至会夜袭牧民的羊圈。这一类灰狼不担心食物来源，不过代价是经常被猎人绞杀。而大部分灰狼还是隐居在深山密林，猎捕野生动物。这些狼享用过的腐尸残体将会成为森林中狐狸、沙狐、乌鸦、喜鹊等小型食肉动物的美餐，狼也因此而成为这些动物的恩兽。

灰狼吃猎物的肉时极其贪婪，经常连毛发带骨头吞噬。

公狼在 2 年至 3 年、母狼在 2 年左右的时间性器官发育成熟，开始交配繁殖。狼每年脱毛两次，4 月下旬到 6 月份为春季脱毛期，8 月末到 9 月末为秋季脱毛期。狼的寿命 15 年左右，10—12 岁进入晚年，这方面与家犬相似。

第十一节　狼崽

狼崽出生后 9—13 天睁眼，哺乳期为 4—6 个星期，半个月后开始长牙，三个月后开始吃小鼠兔、野兔和禽类的肉。

母狼会带着幼崽选择险峻之地栖居。夏季，母狼活擒野兔、雪兔、黄羊羔、旱獭崽、羊羔等小型动物，带回洞穴用于狼崽学习捕猎；也会将猎物的头颅从山坡往下滚落，让幼崽去捕捉。狼崽稍大一些，母狼便会领着出去觅食捕猎，这是为了让狼崽适应大自然，以及学会独立生存的本领。这是狼的本性，与其智商没有太大的关联。狼崽在出生第一年不会离开母狼，也无法独立捕杀大型猎物。

第三章　狼的生活习性及其益处

第一节　狼在四季

一月

蒙古地区的一月特别冷，昼短夜长。此时的狼群居群行，或觅食迁徙，迁徙的行动一般都在夜里。一月中下旬成年狼进入发情期。公狼这时会离群独行，独自觅食迁徙。

二月

月初严寒依旧,月中旬开始渐暖。二岁狼(前一年的狼崽)进入发情期,成年狼发情期则会结束。时常会刮白毛风,硬化的雪层妨碍狼的行动,老道的成年狼会结伴而行。雪地上狼迹鲜明,猎物则难觅。月末严寒不再。

三月

白天渐长,积雪开始融化,昼暖夜冷。狼的发情期已结束,成双成对常见。没有发情交配的小狼和年轻狼则依然群居。这段时间腐尸是狼的主要食物,因此适合给狼下毒和下套。不过得注意其他动物别被误毒,下毒可能将其他兽类和禽类致死、致疯,因而近年不再有人下毒,从保护自然的角度看这是正确之举。

四月

春季气候恶劣，尤其是蒙古地区的气候变幻莫测，时而下雪，时而刮白毛风。春旱开始，春忙也开始，牧民开始接羔。狼继续脱毛，成年母狼开始下崽。母狼不离洞穴，公狼觅食捕猎，多袭击家畜。牧民常言“孛海猖獗”。

河冰融化，青草发芽。

四月中旬是端狼窝、掏狼崽的最佳时期。掏狼崽时必须留下一只，这是为了诱捕母狼和公狼。不过猎手色·罗布桑说有的公狼得知其幼崽被掏之后不会回洞穴。

五月

江河开流，柳花绽开。馋嘴的羊追赶被风吹走的柳花，有的甚至把自己送到狼的嘴里。据说这时的饿狼会吃柳丝填饱肚子。成年狼的脱毛期结束，年轻的母狼开始下崽，而早期出生的幼崽已经睁开眼走出洞穴。母狼和幼崽还是由公狼养活。月末会出现特别热的天气。

六月

夏季到，牧民们迁到了夏营地。狼崽身体见长，无所畏惧地在野外奔跑，开始跟着父母学习觅食捕猎。其父母活擒猎物时尽量不让猎物受伤，带回的猎物便成了狼崽学习捕猎的道具。这时端狼窝很难掏到狼崽。

七月

气候炎热。狼崽的活动范围离洞穴越来越远，狼崽越来越嘴馋。母狼为了养活狼崽奋不顾身地觅食捕猎。而对于年迈的母狼来说，捕杀猎物越发吃力。

八月

夏末，炎热持续。母狼照常为了狼崽而奔命。狼崽跟着母狼开始学真正的捕猎，对此颇有兴趣，乐此不疲。

九月

秋季转凉，昼暖夜冷，树黄叶落。狼崽与母狼同行，已学会捕猎。成年狼开始脱毛，换过冬长毛。时而下冷雨，时而下雨夹雪。这个时节狼群经常攻击牧场上食草的牛羊群。

十月

气候渐冷，草木枯竭。狼开始群居群行，狼群里前一年和当年的狼崽以及公狼、母狼皆有。这个时节独行猎狼比较危险，一般都是众人带着猎犬行猎。因旱獭、黄鼠等野生动物进入冬眠，狼的食物变少，狼群开始不断攻击家畜。马匹少的马群和没有儿马或儿马不够凶猛的马群中的马驹将会成为狼群的美食。

十一月

大雪纷飞，气候越来越冷。这个时节的狼群居群行，捕猎目标主要为有蹄动物，即鹿、驼鹿、狍子、黄羊、盘羊、岩羊等。此时下狼夹套住狼的概率比较高。

十二月

一年中的夜至长和昼至短在 12 月 22 日至 24 日。数量少的狼群数群结盟,小群变大群。厚厚的积雪会影响狼群觅食捕猎,从而狼扩大觅食的范围,选择没有积雪的僻径奔走于山川之间。这时猎人们利用早晚时间从隐蔽地用望远镜观望,观察好狼群的栖息地,将栖息的狼群从栖息地轰到开阔地,然后将之一网打尽。

“狼在四季”这一节仅供参考。蒙古地区辽远、广阔,在山区、林区、草原、戈壁沙漠地带等不同的地理位置,狼的生活习性及生理周期略有出入,因此将此节内容结合当地实际情况理解为妙。

第二节　狼的部分特征

狼的嗅觉、视觉和听觉

曾听猎人们说,狼的器官中,有助于生存的最重要的器官是鼻子。据曾经七次遇见狂狼的猎人达西尼玛·巴图巴雅尔讲:狼最相信自己的嗅觉,而不是视觉。狼看见人一般不慌张,若无其事地继续行走,直到闻见人的气味才肯迅速逃离。

不过狼的视觉同样不能忽略,狼的嗅觉、视觉、听觉均敏锐。狼要感知危情或捕杀猎物时定会逆风而上,蒙古谚语"狼以风为伴"正是此意。而"狼老嗅觉不老"则讲的是,狼能够力压其他所有野兽的秘诀就在于它的嗅觉灵敏。

猎人们总是惊奇于狼神乎其神的嗅觉。狗能够分辨两千多种气味,而这仅仅是狼能够分辨的气味之数的一半。狼以嗥叫传达信息时,其他的狼定会逆风而迎。狼通过嗅人畜留下足印的气味能够准确判断出其走过的时间和方向。

狼的牙齿

蒙古谚语讲"以牙识狼,以爪识鹰",牙齿是助狼生存的主要利器。锋利的四个犬牙向内弯曲,闭嘴时错开,因而被狼咬住的猎物无法逃脱,犬牙像鱼钩般越扎越深。狼的犬牙外显长度为2—3 厘米。

狼的尾巴

动物学书籍记载,所有动物的尾巴都有保持身体平衡的功能。在这方面狼的尾巴是无可匹敌的。尾巴的功能是狼的生存能力的主要组成部分。蒙古民间有“狼耳传九音,狼尾传九讯”之说。

狼的力气

狼的力气集中在其脖子上。每次剥狼皮我都会看见其颈部都是交错的肌肉线条,显得健硕有力,从而确切地认识到狼的力气来自其颈部。

狼的脚印

狼的脚印与大型家犬的脚印大小差不多,因而有的猎人无法分辨。分辨狼的脚印是猎人的必修之课。

狼的脚掌比狗的脚掌大,长方形,行走时脚趾合并,迈宽步,爪印明显。

狼饱餐后迈小步,饥饿或惊慌时迈大步,猎人以此分辨狼在雪地上留下的脚印。狼一般都会沿着以前的脚印行走,若雪地上留下的脚印变得僵硬,说明有狼群经过此地。狼的前脚印比后脚印要大。猎人能够以狼的脚印判断狼的大小。成年公狼的脚印长 10 厘米左右,宽 8 厘米左右;成年母狼的脚印长 9. 2 厘米左右,宽 6. 2 厘米左右;而二岁小狼的脚印比成年狼的脚印要小;狼崽的脚印更小。

狼的嗥叫

狼嗥不像狗叫,而是通过嗥叫、吼叫和哀鸣向同伴传达讯息。嗥叫时身体下蹲嘴朝上。公狼或母狼回到自己的洞穴附近时以特殊的叫声通知穴内。追赶狍子或鹿、驼鹿时狼的嗥叫声粗细不一,好似一群猎犬追赶猎物。有的动物学家认为狼群相互传达信息的手段酷似无线电或有声网络。看到迁徙鹿群的狼会以特殊的嗥叫声向同伴通知“鹿群来了”。其他的狼从近至远按顺序传达,远在几十公里以外的狼群成员很快就会得知迁徙鹿群的信息。

狼群有时齐声嗥叫,也许在以此壮声势。

R. 吉卜林写道:豺狼特别喜欢“交响乐”。

狼嗥的声音渐行渐高，最终变成刺耳的嗥鸣，叫作间断性嗥叫。关于狼的嗥叫声，在加拿大著名作家、博物学家欧内斯特·托马逊·塞顿的著作中有详细的记载。

第三节　狼的预知能力

与其他动物一样，豺狼、长鬃狼、白狼和灰狼等均具备一定的预知能力。狼的身上有不少有益于人类身体健康和治愈人类某些疾病的因素。关于狼的预知能力，有一件事实可为依据：

有一位叫杰克林奇的美国人受命到一处保护区工作。保护区所保护的对象是狼的某一种类，当地人称其为“猎野牛者”。起初他还不知道那些狼拥有异常的预知能力。保护区的那些狼与那位建立保护区并一直关心和保护它们的马克卡洛里先生很亲近。因为马克卡洛里先生患上严重的胃病，杰克林奇受命接任他的工作。而1962年5月23日夜里，保护区所有的狼齐声哀号了一阵，这件事使杰克林奇很纳闷。

后来杰克林奇回忆这件事时讲：“狼由于某种原因而心慌或不安时会在夜里齐声嗥叫，这种嗥叫一般持续29秒左右。可是那一次狼群足足哀号了十分钟，使我不知所措。”不过在第二天，林奇从收到的电报中得知马克卡洛里先生正是在狼群开始哀号的那一刻去世的。“我无法解释这件事。”杰克林奇讲，“马克卡洛里先生是在离保护区36英里远的医院去世的。不过我确切地听见了狼群在那一刻齐声哀号，我能肯定。”

第四节　狼的器官的药性

狼的器官全部入药，例如狼胃、狼舌、狼肉、胃里的骨头、食管、粪便、胆囊、皮毛、脂肪层网膜、牙齿等全部入药。

狼肉能治愈受凉导致的胃痛，有助消化、补气的作用。狼胃同样有助消化、滋补壮阳的作用。

狼粪里未被消化的骨头也可入药，尤其是狼秋冬膘肥时的粪便药性更佳。可以将狼粪、毛发和胃里未被消化的骨头晾干后烧成灰备用,也可以将其他器官弄干净后放置于通风遮光处晾干而备用。

用狼的脂肪层网膜榨油时须用瓷质器具,若用铝锅、铜锅等金属器具,容易产生化学反应,从而使网膜失去药性。榨出的油可治肺结核。狼肉是热性食物,可治五脏、肠胃和骨髓疾病,生吃可治胃癌。狼的五脏壮补身体,可治所有凉性疾病。狼舌可治各类口腔、舌头疾病和腺疫、舌瘤等疾病。舌头和食管可治腺炎和咽炎。食管可治各种食道疾病。胆囊可治各种牙齿疾病。狼牙可治狗咬伤和其他一些怪病。

狼胃里未被消化的骨头烧成的骨灰可治消化不良和痢疾,也可以和成泥抹在身上的肿痛处。狼毛烧出的灰可治头痛。

趁热生吃刚被猎杀时体温尚存的狼肉能医治胃癌,吃得越多效果越好。将狼的网膜油冲白开水喝,每天三顿,可医治肺结核。

医治成年人和儿童的虫牙时,将黄豆粒那么大的狼胆放入100克白开水里,狼胆融化后漱口即可;或将大米粒那么大的狼胆塞入虫牙孔里含15—20分钟即可。

每天吃三顿狼肉馅的包子和饼(或肉汤),持续吃一周可治各种肺脏、气管疾病。狼的拐骨一头是平的,因而猎人们骑马赶狼的时候抽打其后腿,使其后腿脱臼,容易猎杀。人们将狼拐骨系在钥匙链或腰带上不只是图吉利,更重要的是狼拐骨可以入药。因饮酒或其他原因导致尿闭或尿道感染时,用刀刮狼拐骨,刮出豌豆粒大的拐骨末儿放入盛有70—80克水的铁器里煮,煮开几次后趁热喝,喝完后过10—15分钟尿路自然畅通。小便后别忘了喝一杯熬开的葡萄汤。要注意拐骨末儿不要用量过多,否则会导致尿频尿急。另外,狼拐骨无法医治各种肿瘤导致的尿路堵塞。

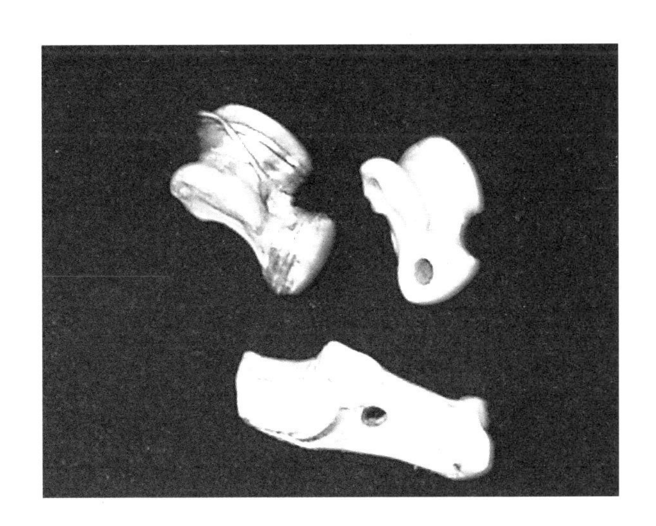

刚被猎杀的狼体温尚存时取其食管，用刀割开后贴到喉咙处睡觉可治咽炎。将狼舌割成薄片贴在喉咙处睡觉有同样的效果。将狼舌切成小块煮汤喝可治舌头疾病。很多人只知狼舌治咽炎，从而忽略了狼的食管，弃之不用。

秋末的狼膘肥体壮，器官药性最佳，尤其是脂肪层网膜。肺病患者用狼的网膜时须注意用水量，将切好的网膜放入瓷器后把水加到比网膜高出一指便可。煮开后网膜油自然会漂到上面，这样榨出的油药效最佳。

将狼的犬牙烧成灰每天煮汤喝可治乳房肿痛。吃狼的心脏可治心脏刺痛。吃狼肝可治肝脏疼痛。吃狼肺可治肺结核。喝狼胆可治胆脏疼痛。吃狼的胃脏可助消化，可治各种胃病。狼的网膜油可治肺脏刺痛。

狼皮的益处

蒙古民歌唱道:“斑毛马步韵好啊,狼皮被好暖和啊,如果你有心来相会,见启明星便出发吧。”

我有一件狼皮袍,从猎获的狼皮中挑选十二头成年大狼的皮,用背部的皮剪接而成。严冬时节狩猎时穿上这件狼皮袍,在积雪上长时间坐卧也不会觉得冷。人们讲,天气越冷狼皮就会散发越多的热量,甚至会融化身下的积雪。狼皮袍是蒙古男人必备的物件,尤其是猎人、探险家、牧民、司机、旅游者等。

蒙古的狼皮、狼皮被和狼皮服饰均出口,近些年中国进口连肉带皮的正头狼。

出生一周的狼崽毛皮毛发柔软,毛尖呈光亮的黑灰色,多绒,极像貂皮。将狼崽皮鞣好后可制作皮帽、服饰等。因而将掏出来的狼崽杀掉后弃置野外实属浪费,拿回家自有用处。

第五节　狼的兽性

狼的食物为家畜、野生蹄行动物、旱獭、黄鼠、野兔、小型啮齿动物、禽类、蛋类、腐尸、植物果实等,选择性非常广泛,饥饿时甚至攻击没有携带武器的独行人。

狼的捕食行动主要在夜里、黄昏或凌晨天黑时分进行,而且跟随捕食目标,即随蹄行动物或家畜的迁徙而随季节迁徙。栖息地会选择远离人畜的悬崖峭壁或高山深林。

狼攻击大畜或大型动物时接力追赶，聚而攻之。一般都会撕咬猎物的脖子，咬断其喉咙，使其毙命。攻击小畜或小型动物时，咬住猎物的脖子将其拖到隐秘处食用，甚至会将猎物放到自己的脖子上带回栖息地。

狼在海拔 1600—2200 米的高处，甚至在雪山巅峰都能生存，并于高海拔处捕食岩羊、盘羊、沙鸡等。

狼的脚掌较小，因而冬季积雪较深时行走吃力，觅食捕猎的难度也会增加，从而行走时选择偏路僻径，尽量避开积雪较深的地方。虽有固定的栖息地，但为了觅食捕猎每天平均行走 30 千米左右的路程，必要时奔跑速度可达到每小时 55—60 千米。狼夜里觅食捕猎时特别积极，追踪攻击一气呵成。

狼在饥饿时每天会吃掉 10 千克肉，通常一头成年狼每天吃 2 千克肉。基本上一头狼一年会吃掉三吨左右的肉，三吨肉的概念相当于一头狼每年捕食一百五十头小畜或黄羊。

狼攻击家畜不仅是食用,而且还不时捕而不食将成群的家畜咬伤致残,从而给畜牧业造成严重的损失。蒙古民间故事讲,佛祖给众生分配食物时对狼讲:“每群家畜只许吃一头。”狼却误听成:“每群家畜只许剩一头。”于是总在违背佛祖的意图。

据相关数据统计,在蒙古国仅1929—1930年一冬被狼吃掉的家畜数目为骆驼4000峰、马23000匹、牛22000头、绵羊177000只、山羊28000只,共计254000头家畜。仅色楞格一省1932—1933年一冬狼共计吃掉了5210头家畜,包括骆驼1峰、马586匹、牛296头、羊4327只。根据1935年的相关报道,狼在蒙古国每年平均吃掉200000只小畜、20000头大畜。若能够统计出同一时期被狼吃掉的黄羊、鹿等野生动物的数量,加上上述家畜的数据,那该是多么庞大的数据。狼的危害由此显而易见。

其·苏德南皮勒在其《保护牲畜于狼害》一书中写道,1997年蒙古国共有近18万只小畜被狼吃掉。

据说,巴彦洪戈尔省静思图博格达山一带一头绰号为萨勒巴日黑胡乐图(瘸腿)的狼和波日中戈壁一带一头绰号为萨拉姆日土(叉开的脚印)的狼,五年间分别吃掉了 70 峰和 150 峰骆驼。擅长捕食骆驼的狼竟如此厉害。

狼的机智

狼在捕食猎物和躲避猎人自我保护时,可谓诡计多端。

狼遇到牲畜群不会立即攻击,而是围着畜群转圈跑,引起牲畜的注意力,好奇的牛、马或骆驼便会凑近观看其表演。这时狼会装作惧怕,装出欲逃跑的样子,还时而就地翻滚,使双方的距离越来越近。当牲畜感觉不到任何危害而失去警觉不再躲闪时,狼便会突然袭击,毫不费力地捕获猎物。

狼在卧地不起或就地翻滚时牲畜会靠近嗅闻它的身体。这时狼便会突然袭击,咬住猎物的喉咙。速度奇快,犬牙咬住喉咙后越扎越深,大畜挣扎无果,一会儿便倒地。独行的狼遇到大畜力不从心时便用此计。[1]

骆驼欲嗅闻地上翻滚的狼而伸长脖子时，狼便会迅速咬住其喉咙，并用四腿紧紧抱住其脖子，将身体搭挂在其脖子上。这种情况下骆驼没有任何抵抗能力和逃命的可能性。

欲捕杀牛的狼会跑进牛群里乱跑。欲顶狼的牛叫嚣着追赶时，狼会逃往森林。追奔的牛刚赶到森林边缘时，狼猛一转身咬住其喉咙，并一跃用四腿抱住牛脖子，将身体搭挂在其脖子上。狼追赶大型猎物时赶在奔跑的猎物四肢离地的瞬间猛然攻击，将失去重心的猎物扑倒在地。[2]

狼欲捕旱獭时则抬起尾巴摇晃，就像老道的猎人摇晃特备的物件一样诱惑旱獭。好奇的旱獭靠近时，狼一跃而擒，将其叼在嘴里离开。在春季，旱獭离开洞穴食草时，早已潜伏在附近的狼会悄悄爬行到近处，趁其不备一跃而擒。

狼欲捕驼麋或鹿时，将猎物赶到悬崖峭壁处，逼迫猎物跳崖毙命。狼欲捕杀大型猎物时会事先选择好路径，并通过追赶使猎物筋疲力尽，逼迫猎物跳崖，使猎物滑倒在冰面上或将猎物逼到山沟、凹地、悬崖等难以逃脱的险地而将猎物捕获。

狼是一种异常机智的动物，聪明绝顶，而所有的一切只为自身和下一代的生存。

曾听一位猎人讲，一头母狼察觉猎人在靠近其洞穴后，开始

---

① 引自发表于蒙古国《自然》杂志 1996 年第 15 期的哈·青巴特尔的文章。

② 引自格·阿凯姆的《天狗》。

将幼崽往别处转移。猎人跟踪将至时,为了迷惑猎人,那头母狼将叼在嘴里的幼崽放到野杏树下的隐秘处,而后换一块木头叼在嘴里继续往前走。

为了寻找丢失的牲畜而奔走在戈壁的某人用望远镜观察时发现,一峰骆驼前面有个灰色的东西若隐若现。走近一看,原来是一头狼走在骆驼前面。那头狼见有人靠近便仓皇而逃,骆驼便停了下来。当骆驼蹲下身体时,一匹掉光了牙齿、站都站不稳的老狼从驼峰上掉了下来,骆驼的嘴边还奄拉着缰绳。原来是逃跑的那头狼为了将这头年迈的老狼送到某地而将其放到骆驼驼峰上并牵着骆驼赶路。

也有人见过两头狼用嘴叼着粗柳木条的两端,让断了两条前腿的同伴架在柳木条上赶路的情景。

有一次我在玛能草原赶狼的时候,被我追赶的狼突然间不见踪影。惊奇之余才发现原来老道的狼躲到汽车后面把自己吊起来了,就那么吊了一阵子才跳下去拼命逃离。这样的奇闻还有很多很多。

狼天生敏慧、毒辣。猎人若没有一定的经验难以用狼夹套住狼。狼被人追赶时总会跑向险峻之地,或绕道留在追赶者身后。狼不会从曾多次遇险的地方再次经过。

就算没发现埋伏在险地等候的猎人,狼被追赶至埋伏地时总会突然观察四周一番。经验丰富的猎手等狼演过戏放心大摇大摆走近时才会开枪。而没有经验的猎手则会上当,认为狼发现了自己而过早开枪,结果自然是两手空空。

第四章　狼之奇闻与文学之狼

第一节　狼之奇闻

人类驯化狗是在15000年前。这是动物学家们分别对在欧洲、亚洲、非洲、美洲等地出土的古代家犬尸体和现代狗做DNA对比和研究而得出的结论。

在研究过程中，动物学家们发现狗的祖先为三种类型的狼。动物学家们起初认为灰狼和豺狼均是家犬的祖先，但随着研究的深入，豺狼为家犬的祖先的可能性被排除。而四洲的研究结果表明，动物学家们认定为家犬祖先的三种狼在15000年前均生活在东亚。

诗人有几条腿?

人民文学家、国家级功勋诗人德·普日布道尔吉曾在20世纪90年代以前因其《成吉思汗》《独立之歌》等诗篇而被批评为“狭隘民族主义者”，并于90年代被一些愚昧无知的年轻人称为“拖文学发展后腿的老古板”“落伍者”，可谓命途多舛。如今文学界的人们称其为“头狼”“青山之影”，甚至是“老狼”。我听说有位内蒙古著名作家曾讲：“蒙古文字里的金银珠宝都让你们的孛·雅布胡楞、德·普日布道尔吉和达·森格三人摘走了，到我们这里便没什么可写的了。”

若将人类以动物形象分类，那么诗人则是洒脱的“天狼”。德·普日布道尔吉先生便会是狼群的头狼，而且还是伤痕累累的老狼。颇·巴达日奇曾形象地讲道：“我没数过他有几条腿，反正被套夹夹住后咬断腿逃离而留下的老伤旧痕他身上有很多。”这是关于著名诗人德·普日布道尔吉的冷幽默。

从发情期的决斗到母狼的哀痛

曾经强壮而机智、相伴过一生的伴侣，如今已变成臭熏熏的腐尸，躺在地上。母狼开始哀号，撕心裂肺的嗥声回荡在森林上空，仿佛在诉说自己和伴侣以及它们的后代终会命丧山野，终会变成腐尸的悲惨命运……

它们相识在风雪交加的一天。

狼发情的日子来临之际，年轻的母狼以其敏感的耳朵捕捉着森林深处的任何声音，它在等待。

稀疏的松林中走出一头年轻的公狼，轻轻踏步走到母狼的身边,闻一闻,又舔一舔,爱意甚浓。而此刻,母狼的身体在颤抖。起初不习惯而有些心神慌乱的母狼感觉到身体里的血液在渐渐加热,直到沸腾。

这时从被雪覆盖的草丛间又走出三头公狼。公狼们围起了年轻的母狼,眼神中充满敌意,不过没有立即撕咬起来。原来接受挑战而一决高下的使命历来由权利和力气最大的大公狼来完成。而年轻的公狼通过挑战,通过自己的勇猛和力量才能得到所爱,才能得到传宗接代的权利。

大公狼和年轻的公狼各就各位,四目对视,杀气腾腾。

看似实力悬殊的决斗开始了。其他公狼围着年轻的母狼,蹲坐一处纹丝不动地观看这场战斗。两头公狼在亡命拼杀。

大公狼虽有丰富的战斗经验,但毕竟年事已高,气力更胜一筹的年轻公狼则越战越勇。大公狼最终招架不住,逃离战场时以嗥声宣布属于它的时代到此结束。年轻的公狼与母狼从此相依为命,共度余年。

而如今,勇猛的公狼身僵尸臭。扎堆的苍蝇嗡嗡作响的声音伴着母狼哀伤的嗥叫,回荡在空中……孤独的母狼嗥累了,眼神憔悴了,身心疲惫了,于是起身无精打采地走向森林,脚步蹒跚……

狼洞里的六小时

居住于首都巴颜郭勒区十三号小区的苏苏日巴日玛·忠堆老人如今已是88岁高龄,不过身体硬朗,手脚轻快,与老伴和孩子们生活在一起,享受着天伦之乐。老人服多年兵役,曾先后任运输单位的司机和领导多年,又是国家功勋猎手。因常年在野外而身体无病无痛,心明眼亮。他家的壁毯上挂着猎枪和望远镜,明眼人一看便知主人是个经验丰富的老猎手。和蔼、慈善的苏·忠堆老人接受《德勒》杂志的采访时曾讲述过自己狩猎中遇到的险境：

我不是个以狩猎为生的人，起初是因为好奇而偶尔出去打猎，久而久之便喜欢上这个行当了。而退休后的一次狩猎经历可谓让我明白了何为惊心动魄。

那是 1980 年元旦前夕，当时我在沙仁高勒的矿上，说好猎狼掏狼崽的我们几个背枪带狗，骑上马出发了。正赶上刚下过雪，于是我们很快就找见了狼的脚印。跟踪过去发现狼正在钻洞穴，到了洞口便听见狼崽的叫声，正在这时看见钻进去的大狼又从另一个洞口出去。

我立即开了枪，随着枪响狼便倒向洞口。当时我穿着厚棉袄和水靴。枪响后狼崽们立即一片寂静，我用枪的通条刺了刺倒下的大狼，大狼纹丝不动。我以为大狼死了，于是进洞将没睁眼的五条狼崽装进袋子里，出洞一看大狼却不见了。我以为大狼死后掉进另一个洞口，于是拴好马拿着一根柳树棍钻到狼的跟前。我刚好用棍子捅到洞底处狼的身体时只听一声嗥，狼从我脑袋上一跃而过。

我实在无法动弹，就那么跟狼一起卡在洞腰处。狼骑在我后背上哀嚎着，我在下面，脸和手贴着洞壁，动弹不得。狼想出洞使劲往外钻，不过无济于事。狼洞里臭臭的臊味熏着我的鼻子，我心里想着没准儿就这么跟母狼一同死在狼洞里了，越想越恐惧。母狼拼命钻了一会儿没能钻出去，便用两个前爪使劲挠起洞壁上的泥土。不过空间过窄，狼腿动起来很费劲,挠了好一阵子终于钻出去了。我出洞时天都黑了。

我全身上下都是泥土,还有狼的尿液和稀屎,臭烘烘的,用雪搓了半天,臊味还是不退。我活了这么多年,头一次也是唯一的一次跟狼一起待了那么长时间,足足有六个小时,而且还是在狼洞里。

抓狼腿的女人

库苏古尔省塔里亚朗县十巴克牧民楚乐都木的妻子叫查仁布达德,是个胆识过人的女人。

有一天夜里,查仁布达德听到羊圈有动静,心想肯定羊圈里进了狼,便急急忙忙出门。当她跑到羊圈门跟前时,欲逃跑的狼一跃把两条前腿伸出了栅栏门的两个横栏间。当狼使劲往外钻时,查仁布达德抓住了狼伸出来的两条前腿。

狼冲着女人龇牙咧嘴咆哮着,而查仁布达德也在使劲叫喊。邻居家的男人听到了查仁布达德的叫喊声,急忙跑过来用手里的铁棍往狼的脑袋上猛击一棍,将狼打死了。

事后查仁布达德讲:“当时我抓着狼腿,双手实在腾不出来,不然非得往狼嘴来一棍。”

猎手都格尔苏荣所见

1969 年春猎手都格尔苏荣听说有不少狼出没于怒如歌图一带,于是与乌布苏省宗杭爱县猎手特·达日苏荣和扎布汗省猎手德·图如陶格涛一同去了此地。

他们一行三人爬到山包上学狼嗥,一开始没动静,不过太阳快落山时听见了好几处的狼嗥声,有的狼甚至走进了他们的视线范围里。他们三个商议白天狼不会靠得太近,于是一直等到天黑。从森林中的雪地上传来沙沙作响的声音,紧接着听见群狼跑动的声音。他们心惊胆战,狼来得太多了,远远超过了他们三个人能够猎杀的数量。

夜漆黑,什么也看不见,他们三个商量对策。划火柴点起了烟,近处的狼不理不睬,没有回头的意思。他们三个骑上马下了山包,路上大声说话、咳嗽,尽量弄出动静。不过狼在夜里胆子大,群狼一直跟着他们。附近没有人家,他们每人就一匹马,德·图如陶格涛一再嘱咐千万要小心。走了很远他们再次学狼嗥,后面还是有回音,狼还跟着……

还有一次是在一个叫“哈沙亭哈茹乐图”的地方,达·巴·戴白、乌力吉几个人学狼嗥。那时天还没黑,一大两小三匹狼走进他们的视线里。两个小狼开始往他们这边跑,大狼则蹲在原地。小狼跑了一会儿又停下来等了等后面的大狼，嗥叫了一番，跑跑停停，不停嗥叫。大狼还是没动。

见大狼没动，小狼继续往我们这边走。大狼突然起身飞速追赶起来，直到跑在前面的小狼跟前，便一跃摁倒了小狼好一顿撕咬，小狼被咬得直哀嚎。不一会儿大狼赶着两个小狼走进了附近的森林。原来是生气的大狼在惩罚不听话的小狼。

狼口脱险

1974 年春天，我去了昔日哈顿山狼群频繁出没的地方行猎。在一个山头上拴了马歇息时，听见后面森林中的狼嗥声。心想这么大一片树林进去找狼很难，若迷了路更麻烦，于是开始学狼嗥。森林中没有回音，等了一会儿再嗥，断断续续等了很长时间。再学狼嗥时，我的马开始嘶叫，我感觉有些不对劲，仔细观察才发现身后有一群狼排开了阵势正在悄悄靠近。见山崖上有狼的身影，估量着开了一枪，好像打中了，只是不见其他的狼有回头的意思。

狼隐藏得很好，无法开枪，于是我骑马下山。因为是下坡，对马来说较轻松，只是它不断东张西望，两个耳朵也不停地抖动，原来是听见了路边树林中的动静。马不停地往下跑，身后和两旁不断传来沙沙作响的声音。群狼穷追不舍，我想到了森林边缘应该不会再继续追了吧。到了森林边缘处，我拿起枪坐到马鞍后，向后开了一枪。本来就受了惊的马一听枪声便亡命向前奔跑，一口气跑回了家。

第二天我与猎手达·达日扎一同去了那个山头，真的有一头狼死在那里。跟踪其他狼的脚印，发现群狼昨晚一直跟到我家附近，大概是听见狗叫，看见蒙古包才返回的。群狼即使在其中一匹狼被击毙的情况下，也没有被吓跑，反而穷追不舍。看来荒野上独自行猎的人，若是在骑的马速度不快弹药又不足的情况下学狼嗥，是件很危险的事请。

被活剥皮的狼复仇记

科布多省科布多县是唯一的一个有哈萨克人居住的县。这儿的哈萨克人虽然有自己的风俗习惯和宗教信仰，但是早就习惯了蒙古地区的生活环境和习俗，因而世世代代生活在此地。

这里的自然环境优美，山川绵延，泉水、湿地随处可见。离县较远的地方有一棵孤树，跟前有一条干枯的河床，附近是一片荒原，让人倍感苍凉的地貌同附近的环境格格不入。当地的哈萨克人给我讲了这样的故事：

以前这里是个森林茂密、水草丰美的地方，叫作“巴颜布日度”（绿洲）。每到春天，有很多迁徙而来的候鸟落居此地，原野上百花争艳，河流清澈见底，是个让人留连忘返的地方。

巴颜布日度一带牧场的主人是个富人，叫阿布嘎日图。阿布嘎日图蛮横无理,其牧场附近不让别人靠近,除了有地位的官员其他人都不敢去他家。由于占据好草场,阿布嘎日图家的牲畜数量猛增,数不胜数。

有一匹狼经常闯进他家的畜圈吃掉相同数量的牲畜。更令人感到奇怪的是,这匹狼只吃他家的牲畜,别人家的牲畜一头也不吃,而且不吃那些膘肥的牲畜,而是专挑老弱病残的牲畜吃。阿布嘎日图对狩猎的行当一窍不通,实在拿狼没办法。狼也没有丝毫戒备之意,每夜照吃不误。

为了一探究竟,有一天夜里阿布嘎日图给自己壮胆守候在羊圈附近。夜里果然有一匹黑狼跳进羊圈,一副无所畏惧的样子,很快咬断了几只羊的咽喉,享用后不慌不忙地离开了。阿布嘎日图非常气愤,第二天便通告附近的年轻人:“谁若给我活捉这匹黑狼,便有重赏。”

愚蠢的阿布嘎日图恨狼入骨,一直没弄清这匹黑狼原来在履行“兽医”的职责,吃病畜是为了避免其病传染给其他牲畜。当地的年轻人图谋赏金而活捉了黑狼。阿布嘎日图心花怒放,加倍奖赏了捉狼的年轻人。之后阿布嘎日图对黑狼一顿暴揍和折磨,还活剥了其皮。黑狼变成了赤身红狼,咬牙坚持走了4—5千米后便一命呜呼。

阿布嘎日图虐待黑狼的消息立即传遍巴颜布日度一带,他家附近的牧户因厌恶他的卑鄙行为而全部迁走了。捉狼的年轻人也把奖金归还给阿布嘎日图,恶心得直吐口水,迁去了很远的地方。而黑狼的魂魄还在,它要开始复仇了。

不久,阿布嘎日图家的牲畜染上了可怕的疫情,成群成群地死去,很快便死光了。紧接着,巴颜布日度的整个树林都枯死了,河流全部都干枯了。阿布嘎日图从此之后不见了踪影，附近的牧民们不再踏入巴颜布日度一步，祈祷着远远绕行……

直到如今，人们一到这一带都会祈祷施礼，在孤树树枝上挂上哈达，替当年的阿布嘎日图膜拜山水之神，向上苍祈求宽恕。这里的牧民争相传述着那匹黑狼便是上苍的使者，是奉命下凡到巴颜布日度充当山水之神的，无知的阿布嘎日图虐待黑狼实属造孽。而我在想，这则故事未必是虚构的。

联络员勒·其姆德所见

1953年春天的一天，中央省巴颜额勒吉特县的联络员其姆德到好乐宝陶乐盖山一带观察线路，等他返回的时候天色已经不早了。那天其姆德没骑马，徒步走了很长的一段路，傍晚的时候已经很累了。好乐宝陶乐盖山的南坡是个天葬场，其姆德曾听当地人说过这一带狼多，夜里还跟踪人，因而走路时心里很忐忑。

天一黑其姆德便听见了狼嗥声，不久发现一群狼跟上了他。

过了一会儿有两头狼绕到了其姆德的前面。其姆德那天没带枪，手里能用的只有蒙古袍的绸腰带，还有不到十根的火柴。

前面的两头狼靠得越来越近。离家还有一段距离，其姆德在恐慌之余想起了绸腰带，于是解下绸腰带撕成两半后划火柴点上了火，将烧着的腰带挥动了起来。狼见火便不敢再靠近了。等两条绸缎快要烧完的时候，其姆德听见了狗叫声，才知道马上要到家了，狼群也没有继续往前跟。其姆德进家门的时候，脸上的汗直往下淌，嘴里还低语道："总算活着回来了。"

酣睡的狼

巴彦洪戈尔省省长锤吉勒苏荣先生早先在苏赫巴托尔省党委工作过一段时间。他在 1983 年秋的一天与苏赫巴托尔省主管畜牧业的官员道尔吉高楚一同下乡，途中遇见过一头正在酣睡的狼。那头狼在草丛旁睡得跟死过去了似的。

据锤吉勒苏荣讲，等他们开车过去离得只有十多米的时候，狼才醒过来，蹲坐在一处看了看，显出一副无法立即起身跑动的样子。

由此看来，机警的狼也有酣睡不要命的时候。

蒙古人民共和国议会副议长策·劳胡扎所讲

1

1944 年 5 月我时任蒙古国财政部经济领导部门主官时，曾与肯特省党委第一秘书长其日盖一起去山里狩猎。在追赶一头母狼时发现，其嘴里叼着狼崽。我俩便骑马猛追，过了一处长满芨芨草的峡谷终于打中了那头母狼。到跟前一看，母狼嘴里叼的东西变成了死马的头颅。于是我俩沿着原路跟踪母狼的足迹返了回去，从芨芨草丛间找到了狼崽。原来是母狼在逃跑的路上看见死马的头颅，便把狼崽留在了芨芨草丛，换叼颅骨迷惑了我们。

2

1961年冬天我与国家检察院副院长塔戈巴扎木查和贝尔湖渔业公司总裁撒登伊希三人一同猎狼。我们沿着哈拉哈河寻找狼和马群的足迹。马是智商很高的家畜。马群被狼群袭击时，马驹藏在最中间，儿马和公马在外围保护马驹，与狼群战斗、周旋。这种狼和马的战场上必会留下群狼的足迹。那一次我们三个真的找到了一处这种战场，便从那儿跟踪狼的足迹，共杀了十八头狼。其中一头狼中弹死了之后还翘着尾巴。你说怎么着，原来是子弹射进了狼的肛门。

3

蒙古人民革命党中央委员会秘书长丹巴一行人开着皮卡车行走于中戈壁省地界时遇见了一头狼，便开枪射中了那头狼并将其扔进了后车厢继续赶路。穿着狼皮袍坐在后车厢里的策·劳堆丹巴先生突然发现对面的狼起身蹲了下来，眼睛还直盯着他。车厢里的人看见先生跳到车厢前面便急忙停了车，只见先生吓得嘴也张不开了。于是给那头狼补了一颗子弹。著名作家策·劳堆丹巴先生名篇《戴帽子的狼》的灵感正是源于此次经历。

齐达拉巴图游记

我与库苏古尔省特莫尔布拉格县人、“忠诚”奖章获得者、田径运动员齐达拉巴图相识已有三年。他曾用几年时间徒步游行整个蒙古地区，并将路上的所见所闻都记录了下来。以下便是齐达拉巴图游记中关于狼的选段。

1

1995年5月22日，我从阿尔泰山脉最高峰（海拔2695米）下山，下一个目的地是伊德楞山脉。我走在起起伏伏连绵不断的丘陵之间。

我在白天赶路的时候嘴里含着酸奶干儿，因而不觉得口渴。走了一天，晚间野营于一处洼地。第二天早晨醒来后用望远镜观察时发现东南方向的远处有个动物在走动，其动作较笨。

我走到距那个方向12千米处的高地，看见了沙丘上的脚印，很大很明显，好像是刚刚走过的脚印。再继续走，到距那个方向7千米处，看见有一头棕红色大豺狼在一处洼地酣睡。我拿起枪，上了五发子弹，悄悄逼近。正在这时，视线里突然出现一头硕大的动物，停在那里站立了起来。起初我心生恐惧，以为是看见了传说中的雪人，便急忙拿起望远镜。它看起来体型有点像森林棕熊，一身灰白毛，动作灵敏。

下面的狼看见熊罴便迎了上去，两头猛兽的殊死搏斗开始了。我拼命往前跑，当我跑到跟前时，只见狼的两条前腿断了，熊罴满头是血，肚肠耷拉在体外。我先开枪打死了向上爬着的豺狼，心想开了胸的熊罴也活不成了，于是又开枪打死了熊罴。

豺狼身长约150厘米，尾巴长约60厘米，毛发又厚又长，耳朵不尖，腿和脖子较短。人们都说狼胃很大，我想这回可以见识见识了，于是用刀划开一看，里面是被撕碎的两头小熊崽，这才明白原来是豺狼趁母熊罴不在时偷吃了熊崽。

2

1999年2月22日夜里，我到科布多省蒙赫海尔汗县三巴克牧民格·图如巴图家借宿。第二天去山里捡柏子仁,路上随处可见狼的足迹。就在那天夜里,七头狼夜袭了图如巴图家的羊群。我先开枪打死了两头狼,正在往枪膛里上子弹的时候第三头狼向我猛击,一口咬住了枪口,好在子弹刚好上膛,便一枪射穿了狼的头颅。

3

2000 年 8 月 27 日我走到南戈壁省曼达勒戈壁县和布尔干县边界一带时,正好赶上一户正在举行婚礼,只见满屋的人载歌载舞,喝酒助兴。

行走了 120 千米滴水未进的我一口气喝光了他家的一壶茶。门口的一群孩子看我喝茶纷纷耳语,有的还笑着。大人们也开起了玩笑:“简直就是一头水牛。”众人边说边笑。

突然门被打开,有个女人喊了一声:“救命。”正在喝酒的男人们争先恐后地跑出了门,有的还拿起了插在手把肉上的刀,并边走边喊:“谁在闹事,看我怎么收拾你。”

原来是来了一头疯狼,正在马桩处卸马的男孩脸被咬伤了。两个男人立即骑上摩托追过去打死了那头疯狼,被咬伤的男孩立即被送到了医院。随后来了医务人员给所有人都注射了狂犬疫苗。

4

2000 年 11 月 2 日我在色楞格省东部赶上了白毛风,便到附近的人家避风雪。那家主人叫布仁,我进门的时候女主人正在煮饭。我坐了一会儿,不见女主人打开锅盖,不久便闻到煳味,于是告辞走出了门,只见天色已黑。夜里冒着白毛风走了 15 千米左右看见了灯光,不过这时已经有两头狼跟上了我。我边走边划火柴终于到了第二家。

第二天听说那家的牛被狼吃了。

5

1999 年 8 月 4 日我沿着源头在乌布苏省罕胡黑山的哈拉乌苏河走到叫作“苏吉”的地方,这儿是哈拉乌苏河汇入大湖的地方。我在这里从蒲草丛中发现了五头狼,狼见我靠近就走远了。到了近处一看,原来蒲草丛中一头野猪划开了牛的肚皮正在享用。刚才的五头狼是闻牛肉的味道赶来的,惧怕野猪不敢靠近而围在外边,让我发现了。

6

2000 年 9 月 11 日我在布尔干省黑希格温都尔县和鄂尔浑县边界越过了卓冷达巴山岭,继续往前赶路时在甘地山南边遇到了同乡宝乐道,同他一起去了司机达·巴桑普日布家。巴桑普日布喜好行猎,我在他家看见他所猎杀狼的肚肠里满是羊尾巴肥肉条,着实大开眼界。莫非狼吃肥肉也像我们吃肥肉似的吸肥肉条?

7

2001 年 10 月的一天,我在牧人特·唯都布家借宿。当晚下了一整夜的雪,我们第二天一大早出去到雪地上跟踪狼的足迹。走了一段距离又遇到了一行狩猎的人。人多了唯都布老人便提议一起掏狼崽。之后没多久掏出了一窝狼崽,人们把掏出来的狼崽交给我看管。我没有拿袋子,便脱下裤子装进狼崽并将两头扎紧了。端第二个狼窝时裤腿里的狼崽打开系带跑掉了,可能是进山里了。

那一次从众猎手的谈话中得知，母狼不会在自己的幼崽被掏的狼窝里再下崽，不过会有别的母狼过来下崽。

8

1999 年 11 月 12 日我在扎布汗省怒木日格一带行走的时候，下起了大雪，天气特别冷，路边可见饿死的牤牛尸体。我的腿冻得直哆嗦，眼睛疼得看不清前面的路。我生怕腿冻僵了，便一直跑着，到了一个叫呼和哈顿苏的地方终于看到了户人家。那家的主人叫王甘，主人给我的眼睛里滴了滴眼液，我在他家待到身体暖和，问清楚了路又出发继续赶路。过伊贺海日罕山口的时候，我听见了群狼的嗥声。晚上在米格玛尔先生家借宿。第二天继续赶路时，在离他家 3 千米处我看见有两头狼在啃牛犊的尸体。

9

1994 年 5 月份,我在巴彦乌列盖省特力棍一带越过了阿尔泰山脉,到了一个叫布日古台的地方。在那儿的牧民布日古德巴图先生家我看见 6 条 12 个月大的狼崽,狼崽们的脖子上套着铁颈圈,用铁链子拴着。问其缘由得知,哈萨克人不会立即杀掉掏出来的狼崽,而是养起来等到狼崽皮毛可用的时候才杀掉。狼崽会走路之后割断后腿跟腱,这样狼崽就无法走远。

10

1998 年 6 月 17 日,我游走在东方省达希巴勒巴尔县地界。白天从距马日泰 20 千米处的牧民特·奥特跟巴特尔家出发,到乌勒吉河一带时天已经黑了,河边的芦苇荡里不断传出群狼的嗥声。附近秋营地的牧民夜间轮流看守着马群。

我找到了一处坍塌的瓦房,决定在此过夜。不一会儿下起了雨,漆黑的房子里落下雨点,滴答作响。雨过后开始传来狼嗥声,听起来离房子不远。突然又听到女人的笑声,呵呵直笑,好像就在屋前。我有些不相信自己的耳朵,这时屋后又传来说话的声音:“嘿,过这边来。”我心惊肉跳,全身直哆嗦,淌了一身冷汗。过了一会儿寂静下来,我也不知自己到底是睡过去了还是晕过去了,反正再醒来睁开眼的时候天已经亮了。睡了一夜反而觉得身体疲惫至极,站起身走了几步,观察房子的附近,只见有三头狼跑进乌勒吉河边的芦苇荡。

后来对当地人讲起这件事才得知,那处破房子在当地被称作“鬼魂出没的房子”,那里以前是下葬死囚的墓地。原来我是枕着死囚的尸首过了一夜。

11

2000 年 6 月 15 日，我开始了东方省和肯特省山区的旅行。那儿的狼经常到草原捕食黄羊后再回到山里栖息。

我从东方省首府出发，途经阿敦楚仑煤矿、伊贺德力格尔、巴嘎德力格尔、希巴日图、布慕白等地，共走了 120 千米路，在 8 月 28 日那天到了住在马日泰白琳的雅·宾巴扎布家。在他家住了两天后，第三天一早我就同雅·宾巴扎布出发狩猎了。我们带了酒、面包、羊肉、土豆等东西，到达 14 千米远的巴彦俄日河图火车站一带的一所木房歇息。路上狼嗥声不断。

到了地方，我们先把住的地方清扫干净，又把羊肉等东西放进库房。之后开始熬茶做饭。宾巴扎布先生嘱咐我："你削土豆皮，我去库房拿羊肉来。"说完便走了出去。

突然外面一阵叫喊声，我还没来得及走出屋子宾巴扎布先生先跑了进来，满身是血，脸铁青，语无伦次地喊道："……狼……狼……库房……手指……"我慌忙之余拿起斧子跑到外面，库房门口的地上有一块羊肉，有一头狼已经跑得很远了。我返回屋里从宾巴扎布先生被狼咬破的棉袄上拽出一块棉花蘸酒点着，想止血，才发现原来他的右手大拇指被咬断了。我吓得直愣在那里，不知所措地站了一会儿才给他止血，又给他喝了些酒，他的叫喊声才停了下来。

之后问起缘由，他说："我进库房看见有一头狼在里面，嘴里还叼着一块肉。我吓得大叫了一声，只见那头狼向我扑了过来。"就这样，本来要猎狼的人反而被狼咬掉了手指。第二天一大早我出去跟踪狼的足迹，不过不是雪地，脚印模糊得不一会儿便找不到了。

后来听说宾巴扎布先生丧失了劳动能力,身体一直不见好转。

12

2000年5月到6月间游走东方省玛能塔拉草原时,我与罕塔玛一起去了哈拉哈河11巴克牧民阿·普日布道尔吉家。他们家人正在议论狼夜里进屋伤人的事,还警告我:“在玛能塔拉草原上徒步行走很危险,没准儿就被狼吃了。”

他们也给我讲了正在议论的事:“拆迁工地的巴彦孟和、珠拉和父亲额勒布格一家人夜里睡觉时怕天热而打开了门。屋里挂着肉干,半夜闻肉味而来的饿狼见门是开的便进了屋里。饿狼够不到挂得很高的肉,于是舔起了额勒布格从被窝里露出来的脚。额勒布格在半醒半睡间动了动腿,反而被惊吓的狼一口咬住了。另外两个人听到额勒布格的叫喊声,醒来后急忙抓住了狼耳朵,将狼打死了。”

13

2002年12月6日,我从东方省巴颜图门县牧民其姆德日格锦家出发,沿着克鲁伦河北岸往西行走。当时天气寒冷,积雪厚度已经达到40厘米,路上偶尔遇见脸皮冻青了的年轻人。瑙日布灵一带看见了被狼吃掉的马尸,其腿上的三腿马绊还在原地。看来天气越冷,狼攻击家畜越频繁。

14

2002年12月18日,我在东方省巴彦东县地界越过了古日板乌丽山岭,到了道尔吉陶乐盖山东面的帕沃勒家的冬营地。正赶上帕沃勒老人的儿子孟和吉日嘎拉那天杀了狼。那天正好下了一场雪,于是第二天我跟着父子俩去了他们下狼夹的地方,看有没有套住狼。到了地方看见真有一头狼被夹在那里,狼夹上的铁链在树上绕了好几圈,狼拽着狼夹一副筋疲力尽的样子。孟和吉日嘎拉用捷克制 764 枪一枪打死了那头狼。

15

2001 年 8 月 14 日,我到了扎布汗省额尔德尼海尔汗县四巴克地界,听到三头狼狗(由狼和家犬杂交而出)袭击羊群吃羊的消息。听当地人说狼狗像家犬似的蹲坐,身上的毛与家犬相似,腿毛白。当地猎手猎杀狼狗后割开肚子一看,里面全是家畜尸体。

行走在后杭爱省楚鲁特县胡仁海日罕山南边时经常遇到被狼吃掉的家畜尸体。路过恩和图如家到了珠恩昂葛日图一带宾巴先生的家。宾巴先生给我讲有一头狼袭击了他家的羊圈,让他用木棍打跑了。被打的狼沿河到了萨勒黑图高竹古尔,又袭击了昌达敖启尔家的羊圈。羊的主人抓住了狼的两个耳朵,妻子东阁尔苏荣将木棍横塞在狼嘴里,用斧子砍死了狼。

我在中央省色尔格楞县塔门陶乐盖一带行走时,当地人诺日贵和斯日吉米都格嘱咐我:“最近这一带总有个黑毛大狼出没,你要多加小心。”看来当地的火山釜里的岩石间有不少狼洞。达·巴图巴雅尔老人讲 61 年前有一头长鬃狼吃了迁到当地的一个外来户的两口子。

“韦穆孙陶乐盖图”俱乐部

将狼轰起来猎杀的围猎是蒙古猎手门惯用的猎狼手段之一。尤其在险峻之地、深林、峡谷、芦苇荡、悬崖峭壁、高山等地猎狼,使用这种办法效果最好。虽说我在蒙古地区不少省的很多县都参加过围猎，印象最深刻的还是2003年4月份在家乡戈壁阿尔泰省钱德曼县参加的那一次。

其实之前我家乡那边狼较少，而在2003年左右那一段时间，狼突然变多，狼害不断。可能与有一段时间没有组织大型围猎，也很少掏狼崽有关系。

因而我们县组建了一个叫作“韦穆孙陶乐盖图”的猎狼俱乐部，由县长哈·云冬和学校校长策·朱葛德日纳木吉勒带头，成员都是家乡那边出了名的年轻猎手，俱乐部运作得很成功。

我参加的那一次围猎，猎狼俱乐部的成员们全员参与，轰狼的地点是钱德曼海日罕山。钱德曼海日罕山是家乡牧民供奉的神山，山顶有很大的祭奠敖包。我父亲的一生与这座神山有着密不可分的关联。

这座山有很多山岭、峡谷、尖峰和悬崖峭壁，小时候骑上马走上整整一天才能找到丢失在山里的马。而那天令我倍感惊奇的是，猎狼俱乐部的十名小伙仅仅用了两个小时便把整座山里的狼全部轰了下来，快得令我们这些在山下堵截的人目瞪口呆。想必，读到此处的朋友也会感到惊奇。

这次围猎，我们猎杀了钱德曼海日罕山一带出了名的岩羊猎手——一头特大的灰狼。当时我正在写这本书，一直盼着在书的插图中一展家乡狼的容貌。那天我的愿望得以实现，可谓命运之神眷顾了我，家乡的神山钱德曼海日罕保佑了我，也是“韦穆孙陶乐盖图”猎狼俱乐部的成员们成全了我。省长那·张奇布道尔吉和县长哈·云冬也非常赞同我的说辞，我们高高兴兴地进行了一次成功的围猎。

利用卫星做研究

听说由五人组成的国际研究小组要到胡斯台湖一带,研究那里狼的分布和生存状况,并要给 8 头狼戴上有信号的颈圈。之后将通过卫星收集颈圈发出的信号用于研究当中。

胡斯台湖一带大概有六七群狼,共计 50—60 头,算是狼较多的地方,不过当地人从来不猎杀。虽然偶尔也会出现狼攻击家畜的事,但是当地专家认为当地的狼和其他动物相处得还算和谐。

猎狼俱乐部

肯特省瑙劳布林县组织了一个猎狼俱乐部。近些年瑙劳布林县地界狼的数量猛增,狼患成灾。因而该俱乐部将资金的百分之九十用于猎狼、灭狼,百分之十用于猎杀流浪狗。

策·乌日图那素图所见所闻

苏赫巴托尔省红十字会秘书长、著名医生、国家一级猎手策·乌日图那素图自 1979 年到现在共猎杀了 463 头狼。以下便是策·乌日图那素图所讲的他在行猎过程中所见所闻之一二。

1

1978 年 11 月的一天,行猎时,突然有一头狼从前面草丛中跑了出去,是一头体形高大的黑狼,跑得飞快。我们开车追了过去,用大卡宾枪打了三枪才打倒那头狼。我们一行四个人好不容易把它抬到车上,是一头公狼,有二十多厘米长的黑鬃。回到家后给附近的猎手们欣赏了一番,无不惊奇。之后交给了县长乌力吉巴雅尔先生,嘱咐他将狼交到国家博物馆。有没有交上去就不得而知了。

2

据说狼有仇必报，这话不假。1979 年 5 月 2 日，说好一起掏狼崽的医院司机德力格尔、牧民哈琴和我们几个一大早到了柴达木东边的山包上，拿望远镜观察四处，发现巴闰阿奇雅东南边山沟里有一头狼。我们守了两个多小时不见那头狼离开。

我们几个开车过去，直到跟前那头狼才起身跑向西边，是一头乳房发胀的母狼。我们没有追上那头母狼，于是返回去找了一阵子便找到了狼洞。身体最瘦的我钻进狼洞，狼洞里臊味很重，狼崽不断在叫。我钻到狼崽跟前用手抓的时候，狼崽可能以为我是母狼，还舔我的手。狼洞里一共有九条狼崽，我全部装进袋子里。拿出洞的时候外面的人在喊狼来了，我们几个快速跑进了车里。

狼来到不远处蹲了下来，没有离开的意思。我们开车靠过去开枪打死了那头狼，下车到跟前一看原来是公狼。

回去的路上到了奥杜苏荣老人的家。我们讲起掏狼崽之事，老人听过后训道："你们可真是不留活口。你们赶紧离开吧，不然母狼乳房发胀的时候必会跟踪你们的车辙过来祸害我家的牲畜。"我们听罢赶紧离开了他们家。后来听说狼果真夜袭了奥杜苏荣老人的畜圈，杀掉了近 60 头羊。之后的两个多月时间，我们几个谁也不敢去老人的家。

就在那年秋天，下过初雪后从柴达木返回的路上走到阿奇雅朝仑附近，车出了故障，发动机怎么也启动不了了。我和同行的图门巴雅尔一起徒步往前走时突然听到后面有动静，回头一看原来有一头狼跟着我们。我俩吓得赶忙往回走，还好走了一会儿过来一辆车，那头狼见灯光才心有不甘地离开了。我们坐到车里后感觉如释重负，终于松了一口气。我一直在想，跟上我们的肯定是那头母狼。

3

狼有时候睡得很死。额尔德尼查干县牧民哈拉塔日有一次在胡敏陶乐噶德山里发现了一头正在酣睡的狼，走到跟前又用马绊绊上马，狼还是没醒，于是用鞭子抽打嘴部把狼打死了。

4

有一次撵狼时，发现狼嘴里叼着个东西，细看是狼崽。被撵的狼突然加快速度跑出了我们的视线。等我们追到狼的时候，它嘴里叼的东西早已变成了白色的东西，击毙后发现是一块骨头。原路跟踪脚印从营地的土坑里找到了狼崽。

5

我在额尔德尼查干县工作时有一次在行猎途中发现一处谷地有狼的尸体，靠近一看头上套着瓦罐。可能是狼在旧营地发现装黄油的油罐，将头塞进油罐里吃油的时候被人击毙的。

6

狼特别狡猾。1998 年一次行猎时，我们轰出去的狼从一群羊中间穿了过去。我们赶到以后看见狼脖子上载着一只羊羔，嘴咬羊羔脖子在跑。被我们开枪打倒之后，它还是不肯放下嘴里叼的羊羔。

奥·车仁其姆德与狼

一、13 岁时一次猎杀了 7 头狼

有的人讲：“行猎靠运气。”所有的男人都想亲手杀狼，不过幸运之神不会眷顾所有人。

“与其同运者遇之,压其气场者灭之。”山野的战狼有多倒霉才会被一个十三岁的孩子猎杀呢,而且还是7头。真是叫人不敢相信,但此事千真万确,看来“行猎靠运气”不无道理。这件事在男孩的家乡几乎成了家喻户晓的神奇故事,乡亲们一个劲地夸赞男孩。作为老猎手,男孩的父亲却一句好话都没有。想必行猎一辈子的父亲不想让自己年少的孩子被赞美声冲昏了头脑吧。

杀了7头狼的男孩立即被评为国家级猎手,收到了蒙古革命青年联合会颁发的金奖。作为猎人,没有比这再高的荣誉了。如今,当年的神奇男孩已经变成了白发苍苍的老人。他就是应邀出访过俄罗斯、捷克等国,被授予“阿拉坦嘎达苏”勋章的功勋猎手奥·车仁其姆德先生。低调的老人家总会说:“老哥只是猎杀了些旱獭和黄鼠而已。”而事实上,老人家猎杀的全是熊、狼、驼鹿、野猪等猛兽。而老人所杀的第一个猎物确实是旱獭,老人讲那是一只四腿和下巴均是白色的很机灵的旱獭。

二、用火枪射杀了馋熊

那是70年代那会儿,有一头馋熊出没在吉日木谷地一带,频繁祸害那一带的人畜。于是当地的四十多名猎手带上枪支弹药出发了。猎手们多数都带了步枪、卡宾枪等新型猎枪。而车仁其姆德却带了他父亲使用过的老火枪。他在十几岁的时候从父亲那里学会了如何使用这把原始武器。

猎手们找到了那头馋熊,开枪射其后脑勺。熊居然没死,反而大发雷霆横冲直撞了起来。熊皮很厚,一般的子弹穿不透。这时车仁其姆德却偏偏用那个原始武器射死了那头馋熊。

说起来,馋熊着实危险。在肯特省额木讷德力格尔县地界,曾有一头馋熊一夜间祸害了一家的三十多只羊,其中两只羊的肉全部被馋熊吃光。十多年前,有一次我在猎旱獭行走野外时发现,一头馋熊一夜间吃掉了三十多只旱獭,而且将大一点旱獭的骨头啃得很干净。馋熊很轻易就能捕杀牦牛。不过野熊只有在发馋的时候才性情变暴躁,其他时候一般不会攻击人。

老猎手们讲:猎熊不是谁都能做的事情,若没有一把好枪就有可能被野熊吃掉的危险。野熊越舔伤口越凶。有的猎手会在熊的冬眠处放置章古①猎熊仔。野熊身上的肥肉有 2—3 指厚,很好吃,远比野猪肉可口。

三、用一颗子弹猎杀了两头狼

车仁其姆德老人称自己猎杀了一百多头狼。

我质疑道:十三岁的时候一次就能猎杀七头狼,不可能这么少吧。

老人向我解释道:老哥我一直在按照国家的狩猎计划行猎,这一计划在猎物种类、数量以及狩猎时间等方面都有规定。每年夏天可猎杀 1000—1500 只旱獭,上限最多能达到 1800 头。一个猎季可猎杀 1500 只左右的黄羊。所以就没有猎狼的时间和可能性了,只是猎杀一些路上遇见的而已。

之后还有一次猎杀多头狼的时候吗?

有一次猎杀了五头狼,一次杀七头的机会再也没有碰到。不过有一次用一颗子弹杀了两头狼,人们讲这种可能性很少。那次有不少人见证,包括县领导,所以我才敢说,否则别人会以为这老头真能吹牛。

---

① 章古:在猎物常出没的山林地段,用木头修筑比较长且猎物无法出入的栅栏,用时在围栏的一处设置好猎物可钻出的洞孔,猎物头钻洞孔时会触碰设置好的机关,从上面落下来的重物便会砸死猎物,这种暗藏机关的栅栏叫作“章古”。

如何用一颗子弹杀了两头狼?

那一次是在中央省巴颜朝格图县地界,有两头狼挨着跑在一起的时候开的枪,我用的枪威力较大,本来是想打死靠我这边的那头狼,没想到子弹直穿了过去把第二头狼也给打中了。

我们蒙古人都讲:“狼窝藏吉祥”,您如何理解这句话?

狼机智而勇敢。从选择栖息地到觅食捕猎,一切都井井有条,生活规律性很强。狼窝一般都在山里,狼不会攻击狼窝附近的牲畜。若是狼窝被端、幼崽被掏,狼必会复仇。仇恨会使狼变成亡命之徒,恶毒而执着,尤其是母狼,不惜一切,誓死不休。若未能复仇而被杀,临死都会以哀嚎宣泄不甘。咬死仇敌,至少一命抵一命才是狼的性格,狼就是这般勇猛的野兽。

四、追狐狸尾巴的猎狗

好猎狗是猎手的命根子。有一阵子一头猎狗售价达到了6000图古日格(蒙古国货币名称),这在当时都能买到一辆摩托车。猎狗一般都以擅长捕捉的猎物来分类,比如:捕捉它的猎狗、捕捉狐狸的猎狗、捕捉旱獭的猎狗等。野猪若遇到不擅长捕捉野猪的猎狗,便会逼到跟前用獠牙划开狗的肚子。捕捉旱獭的猎狗若是撵狐狸就算撵上了也抓不到,狐狸一晃尾巴猎狗就会被骗,狗嘴一着地狐狸却换个方向跑远了,灰心丧气的狗再遇到狐狸也不会撵了。狐狸就是这么狡猾,没抓过狐狸的狗都会从狐狸尾巴后面追赶,当狗追到跟前的时候狐狸以晃尾巴或用尾巴拍地来骗狗,前身则急转弯换方向,这么骗上几次后,狗也就跑不动了。擅长抓狐狸的猎狗则不会上当,追赶时不跟狐狸尾巴,而是从狐狸的侧身攻击。

车仁其姆德老人讲,他曾有过一条擅长抓旱獭的好猎狗,那条猎狗曾有十多年的时间跟着他猎杀旱獭。老了之后就不再跟老人行猎了。

那条狗怎么抓旱獭?

其实也不是抓,而是从逆风方向靠近旱獭后装模作样地在地上翻滚引起旱獭的注意,这时我从别处开枪打旱獭。带着狗猎旱獭就是轻松,最多时一天猎杀过 80 多只旱獭。开枪后打没打中旱獭,狗可清楚着呢。要是打了两三枪都打不中,它就把我扔在野外自己跑回家去了,大概是因为不满意而给我示威呢。

什么样的狗才能成为好猎狗?有什么特征吗?

当然有了。尾巴长,嘴长,弧背,系部好看的狗易学会行猎。速度必须要快,必须要学会捕捉猎物,最主要的是追上猎物之后能够拖慢猎物奔跑的速度。

五、为游乐而狩猎实属造孽

说起狩猎这个行当,不是随时随地想做就能做的。若找不到猎物的栖息地或必经之路,找不到堵截或隐蔽的有利位置,那么你就不要想有所收获了。必须掌握左右双手都会用枪,必须练就不管猎物是在移动中还是在静止状态都能射中的枪法。尤其要学会猎物在跑动时开枪射中的技巧。在森林中的雪地上铺上马鞍毡垫躺着等候猎物时,千万不能睡着。狩猎时早晨五更就得起床。要做的事情还有很多,若做不到这些或懒得做,你就别想当猎手了。狩猎,不是谁喜欢谁就能做,而是谁会做谁勤奋谁才能做。狩猎不能太贪,若是见什么打什么,这个世界都会被打光。所以猎手们必须懂得哪个可以猎,哪个不可以猎,哪个该猎打死,哪个不该猎得留下。狩猎不能伤而不杀,不可不顾及狩猎季节而乱狩猎,不可只为游乐而狩猎,狩猎不是游戏。狩猎会锻炼猎手的身体。就拿猎旱獭来说，猎人每天都得走上 20—30 千米路，而且还呼吸着野外新鲜的空气。老哥我活到六十多岁没吃过一粒药，没掉过一颗牙，这就是狩猎生活给我的益处。猎物身上的一切都有用途，一定要善于充分利用。狼肉治肺病，狼舌治咽炎。野猪粪便自古以来都是蒙药的材料，对肝脏疾病效果奇好。熊胆更是个宝，熊油可治儿童肺炎。这么说下去可就多了。

听说有人拿牛胆当熊胆卖，两者有什么不同？

熊胆比牛胆大，外皮也比牛胆厚。若是开枪之前先气一气熊，熊胆就会更大。将火柴头的四分之一那么一点的熊胆放入水里，水就会变色。

您在狩猎过程中都见过哪些奇特、异常的动物？

那可不多。偶尔会见到黑色或白色的旱獭和黄羊，也有黑色的狐狸。我父亲曾讲，在他年轻的时候见过一头体型特大的狼，脚印有二岁骆驼的脚印那么大，站在九头大狼中间身体明显大过其他狼。我见过二岁马驹那么大的狼，不过很罕见。老人们讲，猎杀那些奇特、异常的动物不好。有的猎手猎杀了禁地的旱獭，当晚家里的羊圈就被狼袭击了。狩猎自有狩猎的规矩，只能猎杀大自然允许的。

以上是关于国家功勋猎手奥·车仁其姆德先生狩猎生涯的所见所闻及采访记录的选段。奥·车仁其姆德先生是中央省额尔德讷桑特县人，如今在国家猎手协会工作。老先生行猎一辈子，如今已白发苍苍，但是仍在行猎。

猎物之首——狼

一、猎物标本展览

国家优质猎物标本展览于2003年5月21日在国家自然历史博物馆拉开序幕。由博物馆发起,会同国家猎手协会联合承办的这次展览正值国家旅游年(2003年)和国际博物馆日,展示了众多蒙古猎手们所猎杀的优质猎物的标本。展出闻名世界的优质猎物标本,必将是旅游年吸引国内外游客的重要因素。

二、触摸山野的主人

本次展览为期一个月,去欣赏的观众了解到蒙古地区都有哪些野生动物。去触摸那些大自然的霸主——野豹、熊、狼等野兽的毛发和身体,仿佛能听见远林深处的呼啸,仿佛能看见闪过山野飞奔而去的身影,感觉很奇妙。

最主要的一点是展览展出了优秀猎手们猎杀的那些与众不同的优质猎物。

三、"女人不能行猎"

那些优质猎物标本中最吸引我眼球的是位于展厅中间位置的一头大狼,虎虎生威,可谓尽显天兽的气势。虽说被压其气场的猎手夺取了性命,做标本的人却将它的眼睛镶得跟活物似的。

那天还有幸见到了猎杀这头大狼的猎手,猎手名叫格·布拉干,是肯特省巴特希雷特县"宝古嫩达巴"金矿矿主。布拉干对我讲这头大狼是他第108头猎物。在我看来,那头狼的身长与猎手的身高几乎一样。布拉干刚刚于一周前猎杀了这头大狼。

猎杀一周后就能在优质猎物标本展览被展出,确实不错。之前的猎物给过博物馆吗?

没有,也不知道有这样的展览。我把狼送过来,它就被选入所展览的标本之列。

这头狼跟其他狼有何不同？

首先，这是一头体型很大的狼，看它的头就能看出来。再则，这是头老狼，你看它牙都掉没了，以前还中过三次枪（猎手指给我狼身上的伤疤）。这么老道的狼可是不多见的。

你是怎么猎杀这头狼的？

我看见有家畜死在野外，便想夜里肯定会有狼过来光顾，于是守候在其附近，夜里狼真的来了！

追狼追得远吗？

没有，我家那儿可不是草原。动作稍慢狼就会跑进树林或险地，再也找不到了。

猎狼之余还会做相关的研究吗？

是的，我一直都带着相机。我那儿还有一张装死的狼突然起跑的相片呢。

我和猎手布拉干的谈话没再继续，可能是因为有不少人加入吧。有人建议我去猎狼，亲身经历过就知道了。另外一个人可不赞成，气恼地说道："女人不能行猎。"这时又有一个男人手指站在野豹标本跟前的女人说："怎么就不能，这儿就有真正的女猎手。"

四、"好啊，跟我一起去吧。"

"好啊，跟我一起去吧。"女猎手如是答应。

她说她在六月中旬去行猎，又说不愿意称自己为猎手，应该是因为其低调的性格吧。她是个学术工作者，研究室主任，又是仅有的四位专门研究狩猎经济学的女研究人员之一。

接下来的时间我对她进行了采访：

怎么喜欢上狩猎了？

我的父亲是个老猎手，我家有九个孩子，我是独女，我的那些哥哥、弟弟也都是猎人。

我们刚才在谈论这头狼。你是专门研究狩猎的人，能否讲讲这头狼为何被算作优质猎物？

这是一头体型特大的公狼。老得掉牙的这种狼特别老道，至死都会躲着人类，很难见的。狼是个特别痴情的动物，情感专一，失去伴侣的狼至死都会独来独往。

除了狼，还有什么特别痴情的动物？

海青鸟。阿拉伯人总是以斗鸟为理由购买海青鸟，其实斗鸟是假，运毒才是真。因为飞鸟没有国界，没有海关检查。看看我的地图吧，上面画得很清楚（她手指挂在展览墙上的蒙古国地图，上面没有省界，而是画上了各地所有猎物的图案）。

你画得真好。

是我丈夫画的，还有那些狼。

你和丈夫一同行猎？

不是，不是。我家那位从不行猎。

那，你去行猎他赞成吗？

一直都不赞成。

想必是跟你父亲学的如何使用枪支，那是多大的时候？

就是，我在16岁那年跟父亲学的。

最近一次行猎是什么时候？猎物是什么？

去年跟父亲一起猎黄羊了。我猎杀的是较小的公黄羊，父亲却一枪打死一只成年的公黄羊。

你父亲多大岁数了?

79岁了,住在苏赫巴托尔省苏赫巴托尔县。

听说你一次猎杀过三只秃鹫?

两年前的事,在冬营地附近击毙的。

参加过猎狼活动吗?

参加过,不过我没有猎狼。以后也不想猎狼。我见过狼被猎人赶上时突然咬住猎人的枪口,都把枪口咬扁了,狼就是那么厉害。我不想打死狼,反而想让被打死的狼复活。

能否讲讲你行猎所见的最有趣的事?

我见过黄羊羔玩过家家的游戏。我父亲曾给我讲:'我女儿能不能看到黄羊羔玩的游戏呢,可有趣了,只是能看见的机会太少了。'看来我还是很幸运的。大黄羊围着,里面一群黄羊羔玩起了过家家,可爱极了。那天天空中还挂着彩虹。遗憾的是,只玩了半个小时就不玩了,彩虹也消失了。

……

第一届优质猎物标本展览于1971年在首都乌兰巴托举办。之后蒙古国参加了1973年在意大利举办的国际性展览,获得了五个金奖和一百个奖项。后来陆续参加了保加利亚、南斯拉夫、德国等国举办的国际展览。总共参加了五次国际展览,得了21枚国际金奖。

这次的展览中展出的有:国际金奖标本100厘米长、58厘米宽的狼獾标本;145厘米长的野豹标本;80厘米长、28厘米宽的野猫标本;还有西伯利亚驼鹿、棕熊、鹿等动物的标本。展厅中心是麝、羚羊标本和有19叉角的鹿头标本,旁边有硕大的白肚鳟鱼标本和狗鱼标本。

在这次优质猎物标本展览中作为天兽的狼再一次给人们展现了猎物之首的气势。

幸运的商人

商人巴图孟和·特姆日朝仑参加拍卖巴彦乌列盖省肉加工厂的竞拍会上,以1亿5千万图古日格(蒙古国货币名称)或当时的100万美元中标,同时以交付购厂款的规定期限为14天,顺利购得加工厂。为了庆祝这一胜利,并为以后的事业成功和财运旺盛求吉兆,特姆日朝仑与贝勒胡一起欲猎狼而赶赴中央省额尔德讷桑特县。

特姆日朝仑他俩到了额尔德讷桑特县住了一宿,第二天一大早天还没亮的时候便出发了。他俩运气颇好,在天亮的时候便猎杀了一头狼。

欲猎狼而出猎三天一无所获的中央省代理省长恩和赛罕一行几人,在那天早晨开车往回返的路上恰巧遇见了刚猎杀到一头狼的特姆日朝仑和贝勒胡。来者见对方刚刚收获猎物,便用乳汁和酒酹祭猎物,之后众人聊起了天。

恩和赛罕讲:“我们一行都是本地人,也都是本省的公务人员,一样有快车好枪,却跑了三天都没有遇到半头狼。而你第一天一大早便杀了这么大的一头公狼,这真是奇了怪了。你说你妻子是额尔顿桑图人,难不成应了那句‘女婿的力量大,颈肉的油水足’?”

如是聊了下去,得知特姆日朝仑刚刚参加巴彦乌列盖省肉加工厂的拍卖会并顺利胜出购得加工厂后,恩和赛罕讲道:“原来是这里的山水之神和天兽都知道了我们这些人中间数你运气最旺,因而在奖赏你,在鼓励你。”

想起来也不无道理,蒙古谚语讲对于狼“与其同运者遇之,压其气场者灭之”。以走运的商人这次行猎来看何尝不是呢?

怜惜狼的副市长

祖国的心脏和大脑——首都乌兰巴托近些年来的发展令人耳目一新,变化有目共睹。

曾在报纸上读到:操持首都这个大家庭,事务繁忙的市政领导们,最年轻市长玛·恩赫宝丽道(2002 年在俄罗斯首都莫斯科参加国际会议的世界各地 89 位市长中最年轻的市长)为首的一行人每年年初都会图走运求吉兆而猎狼。

有一次遇到乌兰巴托市公民代表会议主席特·毕力格图时,我开起玩笑说首都的发展也许和市政领导们求吉兆而猎狼有关系,他听罢给我讲了一件趣事。

今年年初乌兰巴托市的市政领导们照旧猎狼去了，也真是走运，遇到了两头狼。市长恩赫宝丽道开枪打中了一头，另一头却跑掉了。大家立即下车拿望远镜好好观察了一番，发现那头狼原来是跑上无人居住的小木房房顶上躲了起来。它为了保命也是费尽了心思。恩赫宝丽道市长枪法超准，又来一枪射中了那头狼。

这时，在一旁的副市长策·苏玛胡可能心生怜惜，不由自主地叹了一口气："可怜啊。"当然，作为天兽的狼，面对有快车好枪、运气旺盛的这些蒙古汉子，也只能认命。

不过，副市长的怜惜倒变成了一则笑话。

采访录

以下是2003年3月29日见报的采访本人的采访录：

关于蒙古国红十字会总秘书长、翻译家、撰稿人拉·萨姆丹道布吉先生所从事的事业和著作，人们很早以前都已熟悉。因而在这次采访过程中我绕过了那些众所周知的内容，只围绕猎手这一萨姆丹道布吉先生的另一种身份对其进行了采访。

记者：著名摔跤手瑟·额日和穆巴雅尔曾说您是运气旺盛的好猎手，不浪费子弹的神枪手。不过我想最好由您本人来说明才有说服力，于是想以此为题对您进行采访，您看如何？

拉·萨姆丹道布吉：说我是好猎手、神枪手实属夸奖。我倒是有过与尊敬的摔跤手一同行猎的经历。

记者："与其同运者遇之，压其气场者灭之。"您曾猎杀过多少头狼？认为自己是何等猎手？

拉·萨姆丹道布吉：我可不算是猎手，只是爱好而已，准确地说是个喜欢研究狼的人。不过赶路也好，专门出去行猎也罢，只要遇到狼我可不会说："嘿，下次见，拜拜。"也不是炫耀，是猎运之神眷顾和保佑我，我猎杀过几百头狼。

记者：看来您是遇到狼便就地猎杀。夏天或狼下崽的季节也会出去猎狼吗？

拉·萨姆丹道布吉：别说我们这些有公务在身的人了，就连那些职业猎手们也不可能随时都能出去行猎。别说猎狼，就连猎杀兔子都不能想做就做。行猎自有行猎的规矩。我于每年秋冬时节,在工作之余出去行猎。提前安排,做好了一切准备再去行猎。

狼是食肉动物,捕食家畜、鹿、驼鹿、狍子、黄羊、盘羊、岩羊、野马、野驴、野兔、雪兔、刺猬、禽类、蛋类、雏鸟等,甚至还捕食浅水里的鱼,对家畜和野生动物的繁殖、生存具有一定的威胁。因而国家的法律允许猎手们在任何地区任何季节猎狼。而且我们的民间还有比成文的法律还要明智的不成文的关于狩猎的传统规则。以我的观察,我们的猎手和狩猎爱好者们都在很好地遵循着人与自然和谐相处的法则。

记者:我于 2002 年秋天在乌噶勒真达巴山岭遇见名医普·希吉格,听他讲您除了猎狼还搜集关于狼的多种实物和信息。我能否欣赏一番您的研究成果?

拉·萨姆丹道布吉:当然可以了。希吉格医生可是个老道的猎手,从他那儿我就听说了不少趣闻。俗话说男人的快乐在荒野,每一次野餐席间便是猎手们拉家常相互交流的互动时刻。猎手们喝着茶无所保留地交流经验,讲述着各自的所见所闻,很热闹。要说收获,这时听到的趣闻甚至胜过猎杀大公狼。我也同样会将我的所见所闻所读陈述给同伴。

这也就是和你在一起待在屋里,你一句我一句地叫着狼,在出猎的途中或行猎间描述狼的词语自然就变了。什么天舅、野狗、佛祖的狗、孛孩丹赞、杭盖之兽、山崖之犬、和楚奴日特等讳称就用上了,有的地方甚至叫额布根(老人)。

就这样猎手们的话匣子就打开了,便能听到那些新的趣闻。若是走运而猎杀了狼,新的工作也就开始了。

记者:新的工作?

拉·萨姆丹道布吉:当然。狼是药兽,这一点蒙古人很早就知道。将狼的器官用于医治疾病的传统可以说如今正在恢复,这是我们这一代人的福气。不少人都知道狼肉、胃、肝、肺、心、胆和舌头等能够医治人和牲畜的各种疾病。

我说的新的工作也就跟狼器官的药性有关。我们这里因疗养需求从国外进口狗肉罐头来食用,其实狼肉的药性远比狗肉要高。

不过还有一点,不能盲目地认为狼的一切都是好的,从而盲目使用。首先要弄清楚狼本身有没有疾病,之后科学地利用其器官的药性。

记者:狼的身体器官具有药性,可医治多种疾病。那么关于这一点有没有确凿的科学依据?

拉·萨姆丹道布吉:这种问题最好由专业的医生或医学专家来答复更具说服力。你若去戈壁阿尔泰省吞黑勒县,就向国家功勋医生希吉格好好咨询咨询,他会给你很多有趣的答复。器官具有药性的动物不只是狼,旱獭、野兔、雪鸡等动物器官的药性也被人们熟知,有的甚至通过医学专家的研究得到证实。

记者:看来您应该听说过研究雪鸡肉药性的医学专家的趣闻。关于狼您还有什么其他的补充?

拉·萨姆丹道布吉:身处市场经济潮流之中,当然会想很多。如今国外不少富人的旅游选择是到非洲猎大象和狮子,或到远东猎虎。如果做好广告宣传,就会有不少国外的猎人对秋冬时节到蒙古猎狼感兴趣,这样秋冬时节的游客数量就会增多,旅游收入也会相应增加。如今,世界上有狼生存的地方已经不多,而在蒙古有很多狼,多到必须每年猎杀一定数量的狼来维持自然界的平衡和畜牧业的发展。所以这是个两全其美的选择。

记者：听作家策·阿日雅苏荣讲您即将写完一本关于狼的著作。关于您的新书能否讲一讲？

拉·萨姆丹道布吉：这些年行猎，关于狼这个天兽，在猎杀之余我还致力于尽量认识狼的世界，这本书便是我在这方面的收获。我们这一代人曾有幸拜读了很多关于狼的书，在过去的民间口承和书籍中，狼大多在扮演反面角色。在散达格所著《猎围中的狼所讲》、策·劳堆丹巴所著《戴帽子的狼》、达·那木达格所著《老狼之嗥》、格·阿凯姆所著《天狗》、巴·巴嘎素图所著的几部中篇小说、其·苏德南皮勒所著《保护牲畜于狼害》、特·那仁胡所著《蒙古地区的狼》等书中，狼的形象正负面皆有。

还有，用母语拜读杰克·伦敦所著《白牙》、欧内斯特·托马逊·塞顿所著《温利波戈的狼》、吉卜林所著《毛葛利的故事》、钦

吉兹·艾特玛托夫所著《断头台》等名作的我们应该清楚天兽在世界文学中是什么样的形象。而我想给读者展现的主要是狼的灵性、器官的药性、狼的机智等正面的一些因素。

记者:您刚才不止一次将狼称作天兽,关于这一点您怎么看?

拉·萨姆丹道布吉:是的,将狼称作天兽的猎手很多。《蒙古秘史》和其他一些历史文献中就有关于蒙古突厥民族原始祖先的崇狼信仰习俗的记载。据记载,成吉思汗的祖先是以狼、鹿命名的孛儿帖·赤那和豁埃·马阑勒夫妇。成吉思汗称孛儿帖·赤那(有孛儿的狼,孛儿即紫斑)为苍天的白狼,并禁猎孛儿帖·赤那。猎手们所讲的天兽由这一传统而来。刚才我说如今没有狼的地方很多,想必是长生天保佑蒙古,狼在我们这儿相对来说还很多。

记者:我们这儿狼是很多,不过人们要是因法律允许随时随地而贪得无厌地猎杀,那么天兽是否会有灭绝的危险?

拉·萨姆丹道布吉:是的,这是个应该得到重视的问题。以蒙古人的传统,不猎杀白狼、红狼、黑狼和长鬃狼,认为它们是山水之神。如今,也有必要懂得那些保护数量稀少动物的有效手段和不成文的规矩,有必要更好地传承和发扬这方面的传统信仰和习俗。

不过目前蒙古地区的狼数量过多,若不猎杀,不减少狼的数量就会对牲畜和野生动物的数量造成实实在在的危害。以目前的数量,狼还是具备这个能力的。

记者:听说您在写关于狼的新书之外还想拍摄关于狼的电影?

拉·萨姆丹道布吉:人们总说记者的耳朵长,看来真是不假。

我有这个想法，再说从第一次猎杀狼的那一天开始我就下定决心要充分认识这一天兽。从而每次出猎的时候除了枪我还会带上笔记本。以后也会继续行猎，继续写我的书。而拍摄电影是件很难的事，万事开头难，第一步也许会给我一个方向吧。

记者：您是猎手世家的孩子吗？从什么时候开始猎杀狼的？猎杀其他猎物也应该身手不凡吧？

拉·萨姆丹道布吉：我爷爷是个特别老练的猎手，在很小的时候叔叔总给我讲我爷爷行猎的故事。后来每逢暑假我就会猎旱獭或黄鼠，时间一长就喜欢上行猎这个行当了。

而猎狼是后来的事，第一次走运而杀狼是在锡林博格达山山后，特别兴奋。至于数量我之前说过。

猎杀其他猎物的能力可一般，都有很长时间没有猎过黄羊和旱獭了。以后行猎只会猎杀狼。

记者：关于狼，您的新书不仅说明了其危害性，而且还叙述了其益处。您的新书和您的电影也许会给读者和观众展现得更多、更全面。愿您的猎运昌盛，愿长生天保佑您！

第二节　文学之狼

佛祖分财产的故事

佛祖给众生分财产时把狼给忘掉了。

狼找到了佛祖，诉说心里的委屈，又向佛祖索要财产。佛祖对狼说："所有的东西都分光了，已经没有财产可分给你了。你就自力更生从一百头动物中吃下一头吧，其他的不要吃。"狼听错了佛祖的话，认为佛祖让它从一百头动物中剩下一头，其他的都要吃。

于是狼每次捕食时吃不下也要尽量多杀猎物，以此充九十九头之数。

牛犊和羊羔吓跑狼的故事

从前有一户人家为了躲避雪灾，将冬营地迁往别处。迁移时有一头牛犊和一只山羊羔被积雪困住而未能跟上畜群，便留在原处。还好，不久便冬去春来，天气变暖，积雪融化。好不容易熬出来的牛犊和山羊羔身体一恢复便往营地方向赶路，路上还捡到一张狼皮。

再往前赶时，看见远处有一个雪白的大毡房，牛犊和山羊羔径直走到毡房跟前。它们把狼皮放在外面推门进屋便发现情况不妙，原来有七头大狼正在屋里喝酒。盘腿坐在中间的大狼问牛犊："你叫什么名字？"牛犊答："我叫大胃将军。"大狼又问山羊羔："你叫什么名字？"山羊羔答："我叫长角英雄。"又问："那两位到此地有何事？"山羊羔回答："上帝要拿七十张好狼皮做狼皮袍，将筹措狼皮的任务交给了我俩。刚在西沟碰到一头狼，杀了狼剥了皮才往这边过来的。还好，这儿还有七头。"问话的狼听完急忙说："我出去小便再回来。"便溜出去看到了外面的狼皮，胆战心惊迅速逃离了毡房。其他的狼见出门的狼没回来，便找理由一个接一个出门逃跑了。山羊羔跟最后一头狼一起出门，那头狼吓得撒腿就跑。山羊羔装模作样追了一阵，亡命飞奔的狼一会儿就不见了踪影。

就这样，牛犊和山羊羔平安无事回到家。听说它俩吓跑了七头狼，出门迎接的主人高兴得合不拢嘴。

牤牛智取七匹狼的故事

有一户人家的牤牛有个习惯，每到发情期过后的秋天便会逐水草游走在草原上，吃得体壮膘肥，到了下初雪的那天再回家，每年都如此。由于每年与这头牤牛交配的母牛全部都能受孕，主人特别喜爱它，因此从不限制它的自由。

有一年秋末，下初雪那天牤牛却没回家。主人一大早起来找牤牛却找不见，感觉奇怪，心想：每年这天都会回来的，今天怎么没回来？家人讲："听说昨晚它就在西北山里了。"于是主人背上枪骑上马找牤牛去了。

初雪后的雪地上狐狸跑不快，主人一边寻牤牛，一边观察雪地上有没有狐狸等猎物的足印，很快就到了西北山。山腰处发现不少新踩的足印，观察一番断定犍牛和群狼一起走向西南方向，跟踪过去又发现那些脚印径直延伸到冬营地。到了冬营地，主人发现犍牛和群狼走进了空羊圈棚里，而且棚门关着，只有进去的足印，没有走出来的足印。倍感惊奇的主人爬上棚顶，打开棚顶上的小天窗一看，只见犍牛用后臀顶着往里开的棚门，棚的一角蹲着七头狼，张嘴打着哈欠，一个个面露心烦意乱、沮丧的样子。

主人见状立即下地，从外面锁好棚门，再爬上棚顶将七头狼一个个开枪打死，然后开门放出了犍牛，犍牛身上未见任何伤疤。

幸运的主人剥下了七头狼的皮，将狼皮驮在马背上，骑着马赶着犍牛高高兴兴回家了。

兔子救绵羊的故事

有一只母绵羊掉群独自行走在野外。

母绵羊不幸碰到了灰狼。灰狼正在说它要吃掉母绵羊时，一只兔子赶到，兔子问："绵羊女士，灰狼先生，你俩可好？你俩在这儿做什么呢?”母绵羊哭啼着道:“我掉了群正在往家赶时遇见灰狼了,灰狼说它要吃掉我。”

兔子问灰狼:“灰狼先生,我也想跟你一起吃,可以吗?”

灰狼爽快地答应了兔子。而兔子又说:“灰狼先生,活烤全羊味道更好,你先别杀羊,我去找火柴和木柴,去去就来。”

兔子跑到附近的营地,找来一张纸,大声对灰狼说:“刚才在路上遇到了大汗的使者,使者交给我圣旨,圣旨上说大汗要找七十张狼皮做狼皮被。”灰狼听罢撒腿就跑。

得救的母绵羊平平安安回到家,使计救绵羊的兔子则被伙伴们好一顿夸赞。

聪明的兔子救马的故事

很久以前,有两匹马被卖到了很远的地方。两匹马思乡心切跑了出来,直奔家乡。一匹年迈的老马半路上筋疲力尽,于是停下来嘱咐另一匹年轻的马:“我的兄弟,老哥我气数已尽。你自己好好赶路,回家乡去吧。不要偏离来时的路,看到褐色的东西不要靠近,遇到装东西的袋子不要打开。”说完老马就留在了原地。

年轻马离开老马便走上了近道,不一会儿看见前面有个褐色的东西。思量了一会儿最终没能忍住,跑过去一看,是个扎上口的袋子,里面装的东西在动,应该是动物。里面到底是什么动物呢?年轻的马还是没忍住,刚打开袋子口,只见一头大灰狼从袋子里跳了出来。

狼见马便说道:“谁家的马打开了袋子?前两天我吃牛时被牛的主人发现。那人正是骑着像你这样的好马把我抓到的。他把我装进袋子,扎上袋子口扔到野外。这两天我快饿坏了,赶紧把你吃了吧。”

正在这时，一只兔子跑了过来。兔子问它俩在干什么，沮丧的马给兔子说起刚才的事情。兔子听罢对狼说：“狼先生，你真是有福气。不过我不相信这个袋子居然能装进这么大的狼，如果真能装得进去，你把我也吃了吧。”狼一听这话直流口水，说一声“你看好了”便钻进了袋子里，聪明的兔子赶紧用绳子扎好了袋口。

兔子就这样救了那匹马。

发情公驼救人的故事

很久以前有个叫伯乐河图的人在荒原独自赶夜路时，十几头狼跟上了他。群狼越来越近，心神慌乱的伯乐河图在月光下不断东张西望，终于看见一群骆驼，便急忙朝着驼群走过去。不过还没走到跟前，只见一头发情的大公驼口吐白沫张着大嘴，横冲直撞迎面而来。

伯乐河图心想被狼吃不如被公驼踩死，于是直奔公驼而去。想咬人的公驼伸长脖子跑来，这时的伯乐河图惊慌却未失措，一躲一跳便跳上公驼的脖子，抓着驼峰骑到驼峰间。而这时公驼看见了迎面跑来的狼群，便跑过去见一头用膝盖压死一头，把群狼杀得一个也没剩下。

伯乐河图就这样逃过了群狼一劫，却不知如何逃过公驼这一劫。便随公驼到处乱跑，过了好半天驼群的主人骑马赶来，只是见有人骑着公驼不敢靠前。伯乐河图急忙解释，将缘由一一道来。驼群主人这才相信伯乐河图，倍感惊奇，便赶着驼群回了家，并让伯乐河图从公驼背上安全下地。

狼的申请

县里的买办道尔吉在下乡的路上逐户通知牧民们：灰狼宣布要吃人了。

“不太可能吧，灰狼现在别说吃人了，就连牲畜也吃得少了呀。”牧民们议论纷纷。

“就是，今年被狼吃的牲畜数目比去年少多了。是谁跟灰狼谈话得知它要吃人了？”

“听说要吃的目标都有了，好像只有人民代表知道。”

果然没过多久灰狼找到了人民代表，递过申请书，说它想吃一名公务人员，还说那人总是跟自己作对。

代表问道：“那你这是要吃谁？是要吃兽医吗？”

“怎么能吃兽医呢，他是个好小伙子，经常给牲畜注射疫苗，不然我早得病了。”

“那还有谁？配种师？”

“不是，那人也不错。他总是配不好种，母牛下的死胎可是美食啊，我感谢他还来不及呢。”

“那还有谁？队长？还是会计？”

“也不是他们。而是财政所长，那位总是自己吞完了将恶名给我套上。给他市里上学的孩子捎去了两只羊，便说我吃了那两只羊。给运输车司机噶日玛送一头牛，给乌嫩送四只羊，同样说是我吃的。卖掉的黑绵羊也是。其实他吃的比我还要多，我却替他背黑锅，想想就生气，还是把它吃了吧。”狼气得直哆嗦。

醉汉和饿狼

达·噶日玛

走过偏路绕僻径
醉汉走在森林间
醉醺醺　晃悠悠
扯着嗓子在唱歌：
嗳酸的胃真难受
臃肿的脸太难看
奔走两天路不尽
前夜酒劲退一半
酒啊酒啊在哪里
能否给我来一杯
上月喝得真舒服
喝到倒下真爽快

这些天来却无奈
没有酒来夜难眠
酒啊酒啊在哪里
能否给我来一杯……
醉汉唱得哭啼啼
心烦意乱小跑起

此时饿狼在深山
想起母狼在哭泣：
崽儿被掏窝被端
妻子被杀家已亡
饥饿的我在流浪
眼冒金花腿在抖……

于是醉汉和饿狼
赶巧森林中遇见

醉汉问：
狼你是否也嗳酸？

饿狼答：
大人英明没猜错
能否绕我一条命？

醉汉似生气：

我只负责把酒喝
何时向你开过枪
坦白交代你的过
是否吃过我的马？

饿狼哭啼啼：
攻击家畜这不假
也曾吃过一匹马

醉汉大声吼道：
那匹便是我的马
咬断拴绳离了家
到处找却找不见
想必是你吃了它

饿狼口水直流：
那匹马肉真好吃
只是感觉有点瘦

醉汉讲起往事：
当年我串百家门
烂醉如泥酒灌肠
全靠马儿把家还
说它不瘦那才怪
从前滴酒不沾时

机灵勇猛正年轻
骑上马儿带上枪
杀起狼来那叫猛

饿狼打起哈欠：
身体强壮年轻时
猛袭畜群吃肥羊
如今年老食难觅
饥饿难耐直摇晃

醉汉感叹：
听你诉苦细想来
实属同病相怜惜
如今相邻见我烦
杯酒难觅真可怜

狼劝道：
还是把酒戒掉吧

醉汉答：
你也把肉戒了吧

饿狼赞成：
不然写下保证书？

醉汉同意：
签下名字不反悔！
于是
醉汉保证戒掉酒
狼说从此不吃肉
宣告决定于众生
众生听罢齐欢喜

饿狼到处啃树皮
吃过花草舔岩石
饥饿依旧直难受
哀嚎三声返回去
只熬一天便反悔
醉汉跑到熟人家
哭哭啼啼要酒喝
嗳酸的胃稍见好……
饿狼还在瞎转悠
路上捡到一瓶酒
肚子直叫狼揣摩
拿酒换肉上上策

于是饿狼唱道：
狼我有话跟您说
大人听见速速来

醉汉闻声赶来：
恶狼你我真有缘
歌声唤我有何事？

恶狼讲起条件：
吃草喝水啃树皮
统统无法充我饥
若您给我一口肉
我便送您一瓶酒

醉汉见酒心喜：
狼啊你是真讲究
竟知老汉正想酒
快快打开酒瓶盖
赶紧给我递过来
再说你也甭吃肉
喝酒便可充你饥
喝下几口酒满肚
飘飘欲仙真舒服
狼惊奇：果真？
醉汉讲：何止！
曾经天天把酒喝
不屑一顾手把肉

饿狼心动：

听你讲来我欲试

醉汉催道：
欲试就试不必等
于是醉汉忽悠狼
接连斟酒递过去
饿狼醉得晃悠悠
三步两步倒地来
醉汉见状乐滋滋
喜出望外拿出刀
剥下狼皮卷起来
欲到商铺换酒喝

醉汉边走边唱：
灰狼和我曾相识
建立友情像兄弟
灰狼戒肉我戒酒
彼此承诺相会地
我却见酒忘了姓
忽悠饿狼剥其皮
唉　后悔已莫及
换酒一喝万事去

醉汉到苏木商店：
上等狼皮换好酒

价格便宜质地好

对方拿过狼皮讲：
上等狼皮有奖励
猎杀恶狼赏绵羊

醉汉急忙解释道：
猎狼累得想喝酒
不要绵羊只换酒

对方劝道：
再说最近没有酒
老板出门没回来
狼皮换羊多合适
趁早赶着回家吧
赶着绵羊在路上

醉汉心里直憋屈
于是唱：
羊肉对我有何用
不如杯酒热肚肠
何去何从谁知道
谁家有酒实难猜
还是回到森林吧
扯着嗓子唱歌吧

兴许还有饿狼在
拿酒求我换肉来

于是醉汉进森林
赶着绵羊寻狼去……

战　狼

策·巴特尔苏荣

冬夜的寒风呼啸似魔鬼
凌晨的黑暗只见救星亮
饥饿的痛苦死亡怎可比
战狼的命运波澜怎可缺
欲吃的口粮永远在他处
便是佛祖赐给狼的命运
于是不必将狼视为盗贼
于是不必往枪膛塞诅咒
冬夜的寒风呼啸似魔鬼
凌晨的黑暗陪伴似情侣
饥饿的痛苦回荡在夜空
嗥声惊魂处狼便是死神
是的　战狼只会是死神!

令人惊奇的礼节①

有一次，我同摔跤手达瓦・巴雅日陶格涛及希日囊・布仁三人一起去了达尔罕市，去看望我的好朋友特・钢照日格。

到了达尔罕市，我们一行人顺便看望了我母亲的发小，叫吉布金的九十多岁的老人。与老人生活在一起的女儿叫玛雅，女婿是后杭爱人，名叫都古日。老人的女婿都古日便招呼我们去打猎。

我从熟识的牧民家给布仁找来枪和子弹。布仁、都古日的哥哥和我负责堵截枪击，我们几个在山腰处找好了潜伏点，布仁隐蔽在最下面。去轰狼的人开始叫喊了起来，不久便出现两头狼，飞速跑过离布仁大概有五百多米的地方。我在想这么长的距离布仁开枪也未必能打中。在两头狼跑上一处山丘站下刚要回头时，只闻一声枪响，一头狼随声倒下。

我们几个开车追了过去，受伤的狼跑得很慢，都格热的哥哥又补了一枪，子弹穿过狼的下巴。

都古日的哥哥抓住狼，便用绳子将狼捆了起来，我们惊奇地看着。他活剥狼腿皮，拽出了跟腱，把跟腱塞近冒血的狼嘴里又拽出，然后垫下袍襟跪下给狼磕头，嘴里念道："狼啊，从此以后就这样咬断偷牲畜的人的手筋吧。"

这是蒙古地区一种传统的礼节，只是我第一次目睹。狼在被剥皮、被拽断跟腱时一声不吭，心疼之余我着实佩服狼的胆识和坚韧，也在想这是个一般人不敢做的礼节。

又过了半个多小时，狼还是不死，于是又补一枪，狼终于死

① 此篇出自奥・普日布的《摔跤手为何笑》。

了。之后我一直在想:虽说这样的礼节自古就有,但这样虐待同样拥有生死之命的动物,是不是属于作孽?

狼抓旱獭的游戏

众旱獭:狼先生,狼先生,借个火。

狼:借火做什么?

众旱獭:烧火熬胶。

狼:用胶做什么?

众旱獭:用来做弓箭。

狼:用弓箭做什么?

众旱獭:射穿狼先生您的脑袋。

旱獭说完便回头跑向各自的洞穴。狼撵着抓旱獭,被抓的旱獭到狼洞等下一只旱獭被抓。当狼又抓来一只旱獭,之前被抓的旱獭就会变成狼,帮狼抓旱獭。如此下去,最后剩下的便会是最快、最聪明、最机灵的旱獭。在下一轮游戏中由他来扮演狼的角色。

游戏规则:

狼的手触到旱獭身上便算抓到了对方。

旱獭们的洞穴应围着狼洞。

旱獭洞间隔十多米,旱獭们应跑在洞与洞之间,不能往外乱跑。

狼抓旱獭须在其洞所处的位置上。

关于狼的谜语

好看的孩子没有梳子
好汉的腰上没有刀子
(狐狸、狼)

大哥花里胡哨
二弟灰不溜丢
三弟肩披褐绒
老弟身穿紫衣
(虎、狼、狐狸、兔子)

锃亮的眼睛像蛤蟆
甚恶的内心本多疑
落地的脚印似熊掌
张开的大嘴比山沟
聪明的脑袋赛水牛
不留活口的大屠夫
(狼)

关于狼的蒙古谚语

孛海前面乌鸦飞
暴雨前面尘土飞

狼在附近属吉兆

没有尾巴的狼
比有尾巴的狼还要危险

狼吃不吃肉嘴都是红的

灰狼的孩子必吃肉
松鼠的孩子必爬树

赖汉趁无备
野狼趁风雨

男人若是胆量大
野狼都会吓拉屎

野狼不在
雪兔为霸

以牙识狼
以爪识鹰

想当野狼
坚牙必备

有羊便有狼

野狼的嘴白
盗贼的手黑

偷盗者不如野狼
说谎者不如黄鼠狼

狼若咬不住东西
便会转圈跑到死

没尾巴的野狼求死
没寺庙的喇嘛要饭

狼老嗅觉不老

像跟随野狼的乌鸦
像寻找腐尸的恶狗

爱走山路是盘羊的性情
爱交朋友是人类的性情
夜里捕食是灰狼的性情
喜欢玩耍是孩子的性情

关于狼的蒙古民歌

斑毛马步韵好啊
狼皮被好暖和啊
如果你有心来相会
见启明星便出发吧
我的情人啊

枣红马步韵好啊
狐皮被好暖和啊
如果你有心来相会
天边见亮就出发吧
我的情人啊

祈祷词

1. 在狼多的地方绊好马，转圈向四面八方祷告：

雪山上的猛狮
下凡到此地了
劝凡间众禽兽
不要乱抓乱吃

2. 小畜、仔畜、牛群等野宿时，担心被狼夜袭的主人将用缰绳包好口的剪子塞进西南边的衬毡里，而后祷告：

我用缰绳勒住了
金牙貂尾兽的嘴

野宿的牲畜群

不会被夜袭了

3. 若有人被雷击而亡，乌梁海部赤那多氏族人会在尸体旁边祈祷：

择高雷击大山吧

择宽雷击荒原吧

择繁雷击畜群吧

击死吃脾的吧

击死吃胃的吧

4. 将猎杀的狼或狐狸的皮剥下来后，边挥动皮子边祷告：

赏给我野狼之白

赏给我狐狸之红

赏给我野猫之花

呼来、呼来、呼来

5. 为了不让狼进畜圈抓牲畜，每晚用碗扣上三块碳并祈祷：

群山啊

守护你的树丛

上苍啊

守护我的牛群

悬崖啊

守护你的岩石

大地啊

守护我的马群

6. 猎杀了狼，尤其是猎杀了狼崽，将其小肠扔在回去的路上并祈祷：

把你的貂尾给我吧

把你的金牙带走吧

萨满教诗歌

达尔扈特萨满师祭祀语

《阿嘎如海日罕山之赞》选段：

上面飞着黑鹰

后面跟着白狼

骑着粉嘴枣骝马

牵着白额白鼻马

达尔扈特是我的姓

五条黄犬在保佑我……

这里所提到的“五条黄犬”一词来自神话传说：早时候几个人偷偷吃了祭奠阿嘎如海日罕山的祭品，这几个人继续赶路时，山上跑下来五条狂狼将他们全咬死了，这五条狂狼便是山神，于是忌讳直呼其名，“五条黄犬”便是它们的讳称。

喀尔喀萨满师祷词

火蛇是我的鞭子

狂狼是我的座椅

代代相传的先知

祈祷众生享太平……

咒　语

你家的天窗上鹫鹰筑巢
你家的铁锅里野狼下崽
你家的毡房边长起来
哈纳那么高的蝎子草
……
野狼不离你家的羊群
差夫不离你家的马群
……

赞歌颂词

阿尔泰山之赞
从一头爬上去
只见狼狐到处窜
又高又长的巴颜罕
阿尔泰是我的故乡
……

黄羊原

（关于《两匹骏马》的歌）

见陡险小心跑吧

见岩石跳过去吧
见野狼撵着跑吧
路上的河流见底啊
路边的野草碧绿啊
……
博格达山之赞
有走路笨拙的大熊
有成群跑动的狍子
有懒懒躺着的兔子
有呱呱叫着的乌鸦
有观察地形的灰狼
有叽叽喳喳的旱獭
……

不同版本：

气急败坏是大熊
亡命攻击是野猪
撕咬猎物是灰狼
身体细长是蟒蛇
……

罕胡黑山之赞

这里的每个角落

都有灰狼和狐狸

这里的每处山崖

都有盘羊和岩羊

……

胡很罕山之赞

鸣叫的鹿

狂嗥的狼

貂和青鼬

狐狸和沙狐

松鼠和狼獾

……

第五章　狼与网络　蒙古狼

第一节　狼与网络

网络是个神奇的存在。网络出现没有多久便对人类生活产生了无可替代的作用。如今,我们该如何去想象生活中没有网络的那一时刻?

就连闻名世界的大英词典都可免费使用的无比慷慨又神通的网络,使我叹服之余在较长的时间里受益良多。如今,若没有网络,我的工作和生活将无法继续。因工作需求每天从网络上搜索需要的信息,每周要接收国内外同仁和朋友们的一百多份邮件。这种交流和互动的日趋频繁,不仅与祖国的发展和红十字会慈善事业的发展有着密不可分的关系,而且同我身兼数职和繁忙的日常工作,以及时常需要与同仁们交流互动的工作需要也有着千丝万缕的联系。

如今在美国留学的我以前的助手哈·呼兰听说我在写关于狼的新书之后,便给我寄来了关于狼的纪实电影 *The wolves* 的 DVD 光盘。电影很精彩,看过之后突然想看在网络上能否“猎”狼。

虽说叹服网络的神奇力量,但那时还在想关于狼的信息网上估计没多少。结果却出乎意料，让我颇感惊喜的是网上有很多关于狼的信息，而且都特别有趣。于是想根据从网络上“猎获”的狼再写一本书，送给对狼感兴趣的广大读者朋友。

在此，网上搜集到的一些有关狼的信息简述如下：

狼的学名“Canis Lupus”是由瑞典科学家、植物学家卡尔·林奈乌（林奈，Carolus Linnaeus）于 1758 年所取。

通常，公狼体重 32—45 千克，母狼体重 24—41 千克。

1939 年在阿拉斯加发现的一头狼体重达到 80 千克，这是有史以来的最高纪录。

公狼身长从鼻尖到尾尖 1.5—1.9 米，母狼身长 1.3—1.8 米。

狼的牙齿共有 42 颗，其中上齿 20 颗，下齿 22 颗。犬牙长 6.25 厘米左右。

因捕食需求，一群狼的捕猎领地可达到方圆 60—1300 平方千米。

世界上狼的数量最多的国家是加拿大，数量为 52000 头左右。美国有 8000 多头狼，有 48 个省都将狼归为濒临灭绝的动物，并严禁猎杀。欧洲国家的狼的数量如下：罗马尼亚 2000 头左右，西班牙 1000 头左右，波兰 850 头左右，意大利 250 头左右，葡萄牙 150 头左右，约旦和叙利亚各 200 头左右，埃及只有 30 头左右。独联体国家狼的数量为 90000 头左右。印度有 1000 头左右的狼，自 1991 年开始对狼采取全面保护。

蒙古国狼的数量较多，网上公布的数量为 10000 头左右。在我看来这是个大概的数量，我们无法每年都像数家畜似的数出狼的准确数量。20 世纪 80 年代末，蒙古国狼的数量为 40000 头左右，近些年每年平均猎杀 5000 头左右的狼。

对我而言,上网关注很多蒙古狼的信息是件很有趣的事。蒙古谚语云:“有讯息便可找到所寻,有教导便可学到知识。”确实有道理。依照有福同享的蒙古习俗,将一些网上搜集到的信息分享简述至此。

第二节 蒙古狼——悟懂这世界

狼,而且还是蒙古狼,曾经给你我,甚至给整个人类带来太多的领悟。每每想起这一点,心中满是自豪和骄傲。

蒙古狼是从成吉思汗以及从我们的祖先那里传承至今的蒙古族精神象征,所有的蒙古人从心灵深处崇敬和赞赏蒙古狼。

那么蒙古狼有何特征?

依据蒙古族历史文献《蒙古秘史》记载,成吉思汗和蒙古族人精神世界的源泉是孛儿帖赤那。这一点确切地反映了蒙古族人和蒙古狼两者的性格特征和生存法则之间有密切的关联,从而将我们引向某种理解和认识。所谓理解是指通过实实在在的理解明确蒙古人和蒙古狼之间有何关联。当然,这里面反映了蒙古人的象征性思维,这一点也是蒙古学研究中很重要的组成部分之一。所谓认识是指我们对蒙古族人和蒙古狼之间的象征性因果关联给出什么样的价值定位。换句话说是能够说清楚狼到底是什么样的动物,身负象征义务的狼到底象征着什么。可想而知,任何一种象征的背后都蕴含着相应的内容。

狼到底象征着什么?动物学界的普遍认识是狼是野性十足的动物,自由自在地生活在大自然。真的是这样吗?也许是这样，认识这一点的最佳途径应该是将狼与我们很熟悉的同为犬科动物的家犬对比研究。

这种对比研究得出的结论如下：狼的性情中没有家犬的顺从，力量、耐性和机智则远远超过家犬。狼经常观察所生存的环境，觅食捕猎选择远处。家犬也有这种性情，不过远不及野狼。狼从来都不像家犬那样能够习惯舒适、安全的环境，所生存的环境赋予狼的便是顽强、坚韧的本性，不达目的誓不罢休的性格。狼的性情是与自身的生存条件相适应而形成的。

人工饲养狼不是不可以，但这也无法说明狼已被驯服。通过人工饲养不能完全将狼的野性逐渐演变为家性。人工饲养的狼对人类可以友好，不过狼的天性决定它无法生存于活动受限的环境中，狼需要无限的自由。以狼的天性，它更无法接受像家犬似的被拴、被主人呵斥的命运。因而，驯服狼的可能性微乎其微。

当然，狼是游走于深山远林、戈壁荒漠，捕食其他动物而维持生存的野兽。大自然赋予狼的坚韧和勇猛，其他任何动物都无可比拟。说起狼的坚韧性格，也许只有人类可与其相比。

狼群中的社会分工与人类很相近，人类社会的社会组织体系和社会思维等因素中与狼相似的地方很多，只是至今还没确定其中的相似之处和不同之处。

家犬是犬科动物被驯化的后代，除了这一点，其他的还是尚不明确。狼的颌骨大小是同龄家犬的颌骨的两倍左右。人工饲养的狼和家犬一起玩耍时便能够看出狼的坚韧性远远胜过家犬。比如：同时给人工饲养的狼和家犬佩戴颈圈后，狼还没反应时家犬却已筋疲力尽了。达尼语种族学学者瑞塔·若托兹文在其著作 *Ulven Samson* 一书中提到，在对比的任何情况下结果都会相同。令人遗憾的是本书只有达尼文版。

狼的机智、灵敏来自它的思维能力,这一点与它又大又发达的大脑有关联。狼的大脑比同龄家犬的大脑大25%。狼会独立思考,从而会自行理解、模仿和学习人类的很多动作,比如挪动物体等。家犬则很难自行学到这些,只能由人类教授,主人教什么家犬就学什么,从来不会独立思考。训狼是件难上加难的事,狼只会学自己需要的。而家犬则会被奖赏(食物)诱惑而很积极迎合主人的训导,时间一长没有奖赏的诱惑也能够投入训导。这种办法对狼的可行性无法确定,换句话说,狼有较好的思考分辨能力,不会轻易就能使思维进入某种惯性轨道。若像训犬一样让狼跳圈,狼也许不会长时间地反复同样的跳跃动作,因为狼只有在目睹驯兽师手拿作为奖赏的食物的情况下才能受训。若无法确定有所回报,狼无论如何都不会受训的。狼永远不会为讨好对方而做任何事,只有在为生存而逼不得已时,才能独立完成分内事务。

比起其他动物,狼的智商很高,甚至颇像人类。最有趣的是人们总认为狼是个没有道德、没有忠诚之心的动物,其实不然。狼的世界里具有至高无上的道德规范,每一头狼都会忠于道德,忠于使命,都会无比自觉地遵守道德规范。然而狼的世界里根本不存在奖惩制度。人类社会的惩罚制度基本来自法律框架里的认知,“法律”和“执行规则”则有本质性的区别。大多数情况下,法律会变成权势一方或受法律保护者的行为武器。从而在各种各样的法律越发健全的今天,人类的(以及动物的、大自然的)原始权利,以及他们的原始自由和原始生存需求等因素正在不断地被剥夺或被违背。

狼天生就拥有先见之明,是为了自己所认定的真理而在所不辞的动物。从不妥协、从不低头是狼异于其他动物的特性,面对超过自己的能力范围又不得不面对的事情,狼会毫不犹豫地迎难而上,就算以性命为代价也不会推辞。在这方面家犬是无法与狼相比的。

在雪地上对比狼和家犬的足印,差别会很明显。家犬的足印看起来没多少力量感,步伐较小,看不出什么目的性。相比之下,狼的足印则充满力量感,步伐较大,奔走的目的性很强。综上所述,从这些因素中我们会得出什么样的结论?毫无疑问,狼的各方面的能力远远超过家犬。

从任何一个角度来看,都能够确定狼的确是上苍的使者。后期的推测认为犬科动物具有共同的祖先,这一点比起之前的狼为家犬的祖先之说法更具说服力。狼在精神、心理和身体力量等方面一直在扮演强者的角色,而且一直生活在有用武之地的自然环境之中。在自己的领域,狼始终是王者,又一直在不惜性命地捍卫着王者的尊严。而人类则要求自己饲养的家犬顺从听话,以及感官敏锐。从而人们希望头脑和身体力量等方面远不及狼的家犬拥有敏锐的感官。这便是人们饲养家犬的原则性需求和行为目的性。这一点也蕴含着明确的因果性、价值利用性以及令人担忧的进化趋向。

自古以来大部分人类都仇视狼。原因之一是狼因捕食需求而攻击家畜。不过主要的原因比这个要复杂得多。在生活中的组织纪律性方面(实际上远远超过猿猴),狼是最接近人类的动物,从而人类始终在注意和观察狼的性情,关于这一点无论有意识或无意识,总能认可和接受。

比起家犬,狼的身上具有更多的优越性,甚至狼的存在具有一定的人文意义。狼正在给我们讲,进化的经典之处、成功之处未必是所谓发展或现代化。另外,人类正在不可避免地面临的问题是如何厘清人类文化一大版块之根源——与狼有关的很多问题。

人类的自身和人类所创造的一切都产生于地球,都产生于大自然,因而人类在对大自然的认识进程和大自然的进化过程中,始终在扮演很重要的角色。人类至今认为所创造的人文便是通往大自然内在本质的渠道,而且是一条健康的坦途,从而觉得人类文化是地球上最完美、最道德的文化。如今,我们应该摒弃这种傲慢的偏见,重新认识自然法则,从而领会与大自然和谐共处之道。

就拿狼来说,其实狼并不像人们惯有的理解那般恶毒。在狼的研究领域中,最有分量的命题应该是艰难的生存环境所造就的狼的身体和心理的进化、狼与自然相处的法则和生活本质、狼的道德习俗等,而不是狼与人类的仇恨。

狼与人类一样,是万众一心努力生存的、积极向上的动物。那么,人类为何努力生存——人类奋斗的方向是什么?这是个有趣的问题。众所周知,狼能够很好地适应自然界,也能够与人类共存,不过狼自始至终在躲避人类的生存区域。

人类在为何奋斗?人类该往何处?狼在给我们讲,遵循自然法则而相互和谐共生的生存方式要远比脱离大自然的人类生存方式好得多。人类并不是大自然的主人,霸占、冷落、毁坏自然的结果只会使大自然那些奇特的功能和美丽的面容消失得无影无踪。大自然前后的对比就像狼与家犬的对比,如出一辙。

在人类的历史进程中,尤其在畜牧业变成人类主要生产方式之后,狼便遭遇了其他任何一种动物都未曾遭遇过的排斥、歧视和仇杀,身处险境的狼在很多地方已经变成了濒临灭绝或已经灭绝的动物。其原因之一是狼经常攻击牛羊等家畜,但这是问题的关键吗?未必。狼是牲畜的天敌,这当然是人类仇视狼的原因之一。不过关于在人类社会的发展进程中所产生的人类对狼的不共戴天之仇恨最大、最主要的原因,我们应该从别处寻觅。

别处为何处?狼自身的生存以及其生存的诸多特征与近现代人类社会的人文缺陷以及它的毁灭性之间已经形成了一种再显明不过的对比。

人类并不是无路可走,人类的未来就在与大自然的互动之中,掌握在自己的手中。如何让大自然变回自然?如何让野兽变回野兽?在生活中,我们不应该脱离自然,最积极的生活态度应该是回归大自然、适应大自然、亲近大自然。从而未来的人们会放弃远离自然的城市生活,走向乡村、深山、荒原、偏远地带。社会和经济的发展模式也会随之发生变化。从而,大自然会变成人类社会的好伙伴和不可分割的主要组成部分,人类将生活在这种社会当中,人类社会生活的本质也是由此体现的。

人类在意识层面上始终存在热爱大自然,创造与大自然和谐共处的人文理念,而且已经达到了一定的高度,这一点令人欣慰。而只以自身的文化因素来展现存在状态的错误观念也是始终存在的,这一点令人担忧。

人类应该是大自然的代表——动物的助手或保护者。适者才能够生存,只有接受大自然的这一不可撼动的法则,我们才能够以人性理念面对大自然。

在科学丰富知识结构的前提下,将大自然和自然界动物的生存状态与人类生活状态密切关联起来,理解和遵循自然法则,从而达到共同发展的终极目标,创建这样的社会体系不无可能。当然,这将是个艰难的过程,而狼使我们领悟到的就是这些。我们应该立即着手,迫在眉睫!

第三节　心灵之援信赖之光

我能够自告奋勇地写这本关于狼的书,一直以来给我信心和支持的那些好朋友功不可没,于是想记录于此,不知合乎情理否。

我是家里的独生子,只有一个姐姐,因而从小娇生惯养。在之后的生活中,我的那些好朋友对我起到了榜样的作用。他们的那些建议,那些令人心生向往的提议,以及自身的事业和奋斗过程都深深地影响了我。

关于行猎,我在早些时候所猎的猎物充其量不过是旱獭和黄鼠而已。是我的那些好朋友真正激发了我的猎趣,把我引向关注大自然和动物,从欣赏、倾听、阅读逐渐转向探索研究。

我的好朋友不少是我在蒙古青年联合会工作时的同事,起初我正是跟着他们偶尔出去行猎的。

若论猎术,肯特省嘎勒希尔县人,原蒙古革命青年联合会官员,我的挚友勒·贺喜格是这群人中的佼佼者。他以猎人的机智和敏锐、意识和谋略而与众不同。虽然短命,但我的这位挚友在其生活和事业上取得了非凡的成就。勒·贺喜格思维敏锐、胆识过人、幽默风趣、勤勤恳恳,以其智慧、以其壮志,可谓气场压过狼的蒙古汉子。

后来我到红十字会工作,与当时的红十字会主席,如今的议会议员勒·奥顿其木格建立了深厚的友谊。此人虽说身处官场,但特别喜好行猎,而且特别幽默风趣,在谈笑风生间会让人领悟很多道理。他擅长朗诵诗歌,事业心很强,善于思考,是个兴趣广泛的蒙古汉子。他爱交朋友,不分大小贫富,因此朋友很多,人缘极好。此人也是个猎狼好手,讲起自己的行猎趣闻那可谓精彩绝伦,生动至极。这位挚友曾经给我讲述的行猎趣闻和回忆使我感触颇多,激发了我对狼的兴趣,深深地影响了我。

我与苏赫巴托尔省额尔德尼查干县人,国家一级猎手策·乌日图那素图一同猎狼的时间长达六年。策·乌日图那素图经验丰富、敏锐老练、猎术精湛,是个真正的好猎手。我从他那里学到很多东西。

蒙古东部的大草原是黄羊的故乡。在这片辽阔的大草原上猎狼是件多么洒脱的事情,不过面对这一平生难遇的红运,我们应适可而止,就是说行猎不可贪得无厌。我在东部草原行猎时结识了很多猎友,苏赫巴托尔省有:图门朝格图县国家一级猎手泽·努日哲德,阿斯嘎特县猎手朱葛德日,达里干嘎县猎手埃·特姆日敖启尔(此人是诗人、画家,多才多艺、幽默风趣、口若悬河。与他一同行猎令人喜笑颜开,一路欢歌)、机场场长钢宝丽道,乌勒巴彦县县长拉姆苏荣,公民代表呼拉尔委员西吉日巴特尔,额尔德尼查干边防总队总队长吉日嘎拉塞罕上校和翁古宝如少校,额尔德尼查干县县长乌·门都、公民代表呼拉尔委员德·松堆、上校警长阿姆日赛罕、诗人阿姆日太平、少校警长哈·书噶日、医院联合会医生巴特尔、保险业人士拉哈巴苏荣,阿斯嘎特县牧民猎手钢巴特尔。东方省有:国家一级猎手钢巴特尔、公民代表呼拉尔委员胡日勒巴特尔、边防部队著名猎手驯马师朝格曼都拉·钢特姆日上校、东方省肉业有限公司总裁章拉布、公民代表呼拉尔委员纳·乌力吉巴颜、医生巴特尔、蒙古国红十字会职员钢宝丽道等。在工作之余,我与这些朋友在多地多次行猎,一同行猎的过程中从他们身上学到了很多,也观察到了很多。

尤其是边防总局官员达·钢巴特尔上校、原苏赫巴托尔省公民代表呼拉尔委员扎·哈丹巴特尔、社会保障局官员格·乌日金,我们几个多次搭伙行猎,相互学习和鼓励,友情颇深。还有一些人是同我一起狩猎的兴致勃勃的人,他们从我这里学会很多狩猎本领。他们是社保劳动部副部长瑟·青照日格、我的挚友国家级猎手瑟·额日和著名歌手穆巴雅尔、蒙古青年联合会副会长扎·扎丹巴及巴·苏赫巴特尔等人。

后 记

为了写这本书,我很早就开始了相关研究和资料的采集。只是因为工作繁忙,一直没有充足的时间,如今终于提笔牛刀小试。

我的祖父和父亲都是猎手,也许是传承了几分祖辈的狩猎技巧,我小时候便开始行猎猎杀旱獭和黄羊,从而喜欢上了打猎的行当,一发便不可收拾。

我第一次猎杀狼是在辽阔无边的东部草原,在祖国东南边境线附近。喜出望外又心生敬意的我膜拜了当地的敖包,也祈求山水之神时常赐给我猎运。那是一次令我永生难忘的经历,我和狼从那一天开始结下了不解之缘。我猎杀的是一头年轻的狼,其坚挺的脚力与冷峻的外貌,着实令人叹为观止。

我就是从那时开始对猎狼和研究狼产生了浓厚的兴趣,于是开始搜集关于狼的书籍。到如今,我猎杀的狼有几百头,读过的关于狼的书籍也相当丰厚。

我曾在《蒙古秘史》和其他蒙古历史文献中读到过关于蒙古突厥民族原始先民崇狼信仰习俗的记载。成吉思汗的祖先是以狼和鹿命名的孛儿帖·赤那和豁埃·马阑勒。成吉思汗禁猎孛儿帖赤那(苍天的白狼)。狼与蒙古民族的宿缘源远流长。

经常猎狼的猎手对狼的生活多少都有研究,在这本书里关于灰狼的描述多一些,关于数量较少或如今很难遇见的其他狼,试图将我所知道的、所听到的、所读到的尽量分享给读者。

关于灰狼,其存在的合理性方面我没有过多陈述自己的观点,而在关于灰狼的危害、益处以及关于灰狼的趣闻、故事传说、诗歌、谜语、民间谚语等方面多花了一些功夫,致力于将灰狼的世界较全面地展现给大家。

比起其他动物,狼是将勇猛、坚韧、机智集于一身,为自身的生存和所认为的真理而在所不辞的奇兽。作为食肉类犬科动物,狼的捕食选择面特别广泛,对家畜和野生动物的繁殖生息危害较大。因而蒙古国的法律允许猎人们在任何季节任何地方猎狼。

相关的观察研究和事实证明狼肉和狼的器官均入药,可医治多种疾病。狼的皮毛是绝佳的皮革原料。秋冬时节猎杀的狼皮质地松软,可制作皮衣、皮被、皮靴、装饰品等多种皮革制品,出口价格会更高。

蒙古民间的风俗禁忌具有丰富的传统。我试图将关于狼的蒙古民间风俗和禁忌,竭尽全力地展现给广大读者。

在蒙古民间口承、蒙古作家的文学作品以及其他所有艺术形式中都会出现狼的身影,多数情况下充当反面角色。以狼为题材的蒙古作家著作有:19 世纪诗人散达格所著《猎围中的狼所讲》、策·劳堆丹巴所著《戴帽子的狼》、达·那木达格所著《老狼之嗥》、格·阿凯姆所著《天狗》、巴·巴嘎素图所著几部中篇小说、其·苏德南皮勒所著《保护牲畜与狼灾》、国家级猎手杜诗所著《狩猎生涯》、特·那仁胡所著《蒙古地区的狼》等。译成蒙古语的国外作家狼题材著作有:杰克·伦敦所著《白牙》、欧内斯特·托马逊·塞顿所著《温利波戈的狼》、R·吉卜林所著《毛葛利的故事》、钦吉兹·艾特玛托夫所著《断头台》等。

作为游牧民族，蒙古人自古以来经营畜牧业，畜牧业是蒙古人生存的根源。若想认识和了解蒙古人，首先需要了解游牧生活。与自然灾害和传染性疾病一样给畜牧业带来危害的狼分布区域特别广泛，遍及整个蒙古地区。从而任何地方的牧民都懂得灰狼的危害性，历来视狼为家畜的天敌。

在野生动物方面，狼的危害也不可忽视。据说被载入世界濒临灭绝动物红皮书的野骆驼正是因为狼害而数量锐减。

如今有一部分牧民在夏秋时节一味追求娱乐，沉迷酒宴而耽误了修筑畜圈和备置牲畜过冬草料等关键劳动。因懒惰而不认真放牧，不养狗。从而在冬春时节闹白灾时，成群的牲畜不是饿死、冻死就是被狼袭而死光。这种恶习是狼害频发的主要原因之一，若不尽早消除，是件令人遗憾的事。

蒙古人自古以来禁忌猎杀白狼、红狼和长鬃狼，认为其是山水之神，这种禁猎的习俗对保护这些稀少动物起到了很积极的作用。

在人烟稀少的险地、戈壁荒原、深山远林等任何角落，在恶劣的气候条件和自然环境中都有狼的身影，蒙古是天兽的故乡。若做好广告宣传，国外的猎手们会对到蒙古大草原猎狼产生浓厚的兴趣，就像到非洲猎大象和狮子，以及到远东猎虎。这样也会有效地保护那些濒临灭绝的盘羊、岩羊等野生动物，可谓一举多得。再说猎狼、与狼斗智斗勇的确是件让人心荡神驰的事情。

还需要阐明的是，猎狼也要有分寸，不可赶尽杀绝。我们需要做的就是维护自然界的平衡状态，关于狼的一切工作和措施都应该以此为宗旨和最终目的。最后，以此作为结束语，将本书敬献给广大读者。

望读者朋友审阅。

别速惕·拉布丹·萨姆丹道布吉